红旗渠图志

《红旗渠图志》编委会／主编

世界图书出版公司
北京 广州 上海 西安
中国出版集团有限公司

图书在版编目（CIP）数据

红旗渠图志 /《红旗渠图志》编委会主编 . —北京：世界图书出版公司，2019.9（2024.8 重印）
ISBN 978-7-5192-6650-9

Ⅰ . ①红… Ⅱ . ①红… Ⅲ . ①红旗渠—史料—图集
Ⅳ . ① TV67-092

中国版本图书馆 CIP 数据核字 (2019) 第 171307 号

书　　名　红旗渠图志
　　　　　HONGQI QU TUZHI

主　　编　《红旗渠图志》编委会
总 策 划　吴　迪
责任编辑　梁沁宁
特约编辑　王林萍　刘迁红

出版发行　世界图书出版有限公司北京分公司
地　　址　北京市东城区朝内大街 137 号
邮　　编　100010
电　　话　010-64033507（总编室）　0431-80787855　13894825720（售后）
网　　址　http://www.wpcbj.com.cn
邮　　箱　wpcbjst@vip.163.com
销　　售　新华书店及各大平台
印　　刷　北京广达印刷有限公司
开　　本　787 mm × 1092 mm　1/16
印　　张　27
字　　数　412 千字
版　　次　2019 年 9 月第 1 版
印　　次　2024 年 8 月第 3 次印刷
国际书号　ISBN 978-7-5192-6650-9
定　　价　128.00 元

红旗渠精神是我们党的性质和宗旨的集中体现，历久弥新，永远不会过时。

——习近平

《红旗渠图志》编委会

卷首语

JUAN SHOU YU

蕴满古老苍劲中华文化的巍巍太行，用那宽厚的脊梁挑起横断的峰崖和幽深的沟壑。在交错起伏的山峦之间，镶嵌在悬崖峭壁上的那条千里长渠，宛如一条玉带蜿蜒缠绕于高山的腰际。

20 世纪 60 年代，林县（1994 年改为林州市）人民为了改变十年九旱、干渴贫瘠的落后面貌，在共产党的领导下，以“重新安排林县河山”的豪迈气概，在不该施工的岁月，在不可能建渠的地方，用最原始的生产工具，硬是在坚硬的石头上生生地抠出来一条 1 500 多公里的红旗渠。这个规模和气势，完全突破了人们对渠的概念，称之为“人工天河”一点都不为过。10 年的自力更生和艰苦奋斗是何等的百折不挠、壮怀激烈，仅红旗渠所用的土石方量，就相当于用太行山石，从祖国北方的哈尔滨到南方的广州 3 000 多公里的距离上，筑起一道高 3 米、宽 2 米的“长城”。

以一县农民的力量，完成如此磅礴浩大的工程，淋漓尽致地展现了党的坚强有力领导，浓墨重彩地谱写出广大党员干部和群众勠力同心、奋发图强的壮美篇章。林县共产党人是在用忠诚践行宗旨，用担当引燃激情，用热血完成使命，用生命铸就渠魂。他们用责任和忠诚聚民心、暖人心、强信心、筑同心，创造了让天地惊诧、令鬼神哭泣且气吞山河的人间奇迹。

红旗渠，犹如一座山碑傲然耸立。那生动鲜活的感人故事，那气贯长虹的建渠经历，那历久弥新的崇高精神，所产生和滋养出来的生命力和影响力，仍在不时地震撼着人们的心灵。红旗渠精神，已成为民族精神的一个象征。

今天，我们将这些虽已久远，但仍能直击心底，令人难以忘怀的故事，以图文并茂的形式呈现出来，旨在从这些厚重的图文中，触摸到那份温度和那份感动，让更多的人了解红旗渠精神是怎样体现中华民族的自强与坚忍；让更多的人感知党的基层领导干部在国家最困难时期，是怎样带领人民群众在改造世界的伟大实践中执着奋斗；让更多的人体会党的领导核心作用、党组织的战斗堡垒作用和党员的先锋模范作用是怎样在艰苦卓绝的岁月中有效地发挥；让更多的人感受林县共产党人以蓬勃朝气、昂扬锐气、刚直骨气和浩然正气呈现出来的为民情怀。红旗渠精神是中国共产党团结带领人民群众探索社会主义建设道路，改变贫穷落后面貌成功的经验总结。

这对于在进行新时代中国特色社会主义建设的新征程中，面对新形势新任务，进一步增强责任意识，适应和引领经济发展新常态，坚定不移地全面从严治党，不断提高党的执政能力和治理水平，肩负起新时代中国共产党人的历史使命，实现中华民族伟大复兴的中国梦，都具有十分重要的意义。

序言

红旗渠——不朽的精神丰碑

中共中央组织部原部长　张全景

红旗渠全面建成通水已经50年，此时出版《红旗渠图志》一书更有意义。红旗渠是20世纪60年代河南省林县人民历时10年建造起来的一条“人工天河”，被称为“世界第八大奇迹”，誉满华夏，名扬五洲。在艰苦卓绝的建渠过程中，中国共产党人带领人民群众以气吞山河的气概，“重新安排河山”，创造出的“自力更生、艰苦奋斗、团结协作、无私奉献”红旗渠精神，如一座巍巍丰碑，耸立在太行山下，铭刻在人们的心中。在奋勇前进的新时代，大力弘扬红旗渠精神仍具有重要的现实意义。

一、坚持为人民服务的宗旨是党员干部干事创业的不竭动力

为人民谋幸福，为民族谋复兴，是中国共产党人不变的初心和使命，红旗渠的修建就是生动的体现。红旗渠的建设，从计划的提出到勘察、设计、施工，时任县委书记杨贵是最直接的领导者、组织者，被誉为建设红旗渠的“旗手”。他从在党旗下宣誓的那一天起，就抱定了为共产主义奋斗终生的信念。1954年，杨贵到林县担任县委书记后，面对当地严重缺水、十年九旱、小旱薄产、大旱绝产的严酷自然条件，下定决心带领群众铲掉导致生活困难的“病根子”。他提出了“水字当头、全面发展”的方针，积极发动群众建起一批水利工程，缓解了缺水的问题。然而1959年发生的特大旱灾，使杨贵认识到，不能靠天赐水，要想从根本上解决问题，必须找到稳定的水源才行。在广泛深入调研的基础上，他与县委一班人大胆提出了从邻近的山西省平顺县内的浊漳河引水的方案。然而，完成这一工程，要面对严峻的挑战，要付出意想不到的艰辛。但以杨贵为代表的县委下定决心，“早干早受益，晚干多受苦”，为了世世代代林县人民的福祉，这一代人吃再大的苦也要干。10年间，全县人民在县委的领导下，团结协作，艰苦奋斗，凭借自身的智慧和不屈的精神，谱写了感天动地、气壮山河的奋斗凯歌，创造了罕见的人间奇迹。

50年过去了，实践证明，修建红旗渠的决策是完全正确的，效益是巨大的。千百年来缺水的问题被彻底解决，大大推动了

当地经济发展，改善和提高了群众生活，改变了自然面貌。当杨贵调离林县时，自发为他送行的群众排成了长龙，有的端着一碗清水，有的泣不成声，有的打出横幅“南有都江堰，北有红旗渠。古有李冰，今有杨贵”“太行一渠清水，杨贵两袖清风”。群众的感情说明，谁把群众放在心上，群众就会把他举过头顶。历史的脚步永不停留，人民群众的利益诉求也在不断变化，共产党人为人民服务永无止境。只要始终坚持“以百姓心为心”，敢于担当，勇于作为，我们就会获得不竭的干事创业的强大动力，就能凝聚起亿万人民共同实现美好生活的磅礴力量。

二、党的坚强领导是完成各项工作的根本保证

实践证明，林县县委的坚强领导，是人民群众能够历时10年克服无数艰难险阻，始终人心不散，斗志不减，奋战到底的根本保证。1966年4月22日《人民日报》发表社论，称赞林县县委是一个“马克思列宁主义的领导核心”。

在杨贵书记的带领下，林县县委把加强自身建设放在首位，坚持民主集中制的原则，把每位班子成员的积极性调动起来，心往一处想，劲往一处使。县委同志从自身做起，和群众同吃、同住、同劳动、同学习、同议事，共同解决难题。注重调动和发挥党组织的战斗堡垒作用和党员的先锋模范作用，使党员干部正确认识修建红旗渠的重大意义，自觉成为宣传员、工作员、战斗员。哪里有危险，哪里就有共产党员、共青团员，他们吃苦在前，艰巨任务在前，危险在前。建渠过程中涌现出很多党员先锋队、“铁姑娘”队、青年突击队等战斗团队；涌现出任羊成、吴祖太、王师存、常根虎、李改云、郭秋英等一大批英雄模范人物。党员干部的先锋模范作用，极大地鼓舞和带动了广大群众的积极性。10年间，参加建设的民工约30万，每一寸渠道、每一个涵洞、每一个渡槽、每一座桥梁都饱含着人民群众的心血和汗水。红旗渠的建成使林县人民直接感受到了什么是获得感和幸福感，从中懂得了一个道理：只有中国共产党的坚强领导，才能干成这样惊天动地的大事。

是的，不仅仅是红旗渠，还有“两弹一星”、大庆油田、鞍山钢铁、载人航天、嫦娥登月、蛟龙深潜等一个又一个令国人自豪、世界赞叹的人间奇迹，都是因为有了中国共产党的领导才能创造出来。我们坚信，在党的坚强领导下，在前进的道路上我们还会创造出更多、更壮美的人间奇迹。

三、自力更生、艰苦奋斗是战胜各种艰难险阻的强大精神力量

红旗渠开工时，中华人民共和国成立只有10年，科学技术落后，没有现

代化施工手段，缺少专业人才和相应的技术支撑，而且正值三年困难时期，面对这样一个几乎是不可能完成的宏大工程，困难可想而知。但英雄的林县人民没有被困难吓倒，为了彻底摆脱贫困，以勇于斗争、敢于胜利、甘于奉献牺牲的革命气概向大山进军。他们自备工具，自带口粮，石灰自己烧，水泥自己造，炸药自己生产，各个工地办起了修理组，搞起了铁匠炉。有的人为了排除山上的危石，身系绳索飞荡在山间；有的人为了救助处于险境的工友，自己被大石击中；在渠首截流中，500 多人挺立在寒冷的河水里，手拉手，肩并肩，组成三道人墙。红旗渠总设计师吴祖太，遭遇了妻子救人牺牲的巨大变故，仍没有停下手中的工作，坚持奋斗在红旗渠建设的第一线，在查看王家庄隧洞洞顶裂缝时，不幸被坍塌下的巨石砸中，失去了年仅 27 岁的生命。这样可歌可泣的事例数不胜数。更为人称道的是，在这 10 年中，没有一次请客送礼，没有一处挥霍浪费，没有一例贪污受贿，没有任何一个人挪用建渠物资，建渠质量经受了半个世纪的考验，多么令人赞叹！

“艰难困苦，玉汝于成”，任何一项事业，其成就都是与艰难成正比的。很多伟大的成就都是在看似不具备条件、不可能实现时创造出来的，红旗渠是如此，“两弹一星”也是如此，伟大的长征更是如此。无论现在、将来条件有了怎样的改善，但自力更生、艰苦奋斗的精神永远都不过时，永远都不能丢，这是支撑中华民族屹立于世界民族之林的精神脊梁。

四、坚持实事求是、尊重科学规律是事业取得成功的重要遵循

当初，林县县委确定修建红旗渠的过程不是一帆风顺的。面对当地严重缺水的问题，杨贵经常下乡调研，寻找解决的办法。他发现，地处深山区的桑耳庄和马家山，劈山修渠解决了人畜用水的问题；抗日战争时期，八路军修建的爱民渠，解决了几个村用水问题。在许多典型事例的启发下，他初步形成了“引漳入林”的思路。但当提出这个设想时，遇到了不小的阻力，不仅在技术、物质方面遇到困难，更重要的是有些人看法不尽一致。有人怀疑动摇，有人坚决反对。究竟是干还是不干，是大干还是小干，是自力更生还是等、靠、要，莫衷一是。县委于是充分发扬民主，广泛听取大家意见。绝大多数人认识到“引漳入林”是一个关系林县发展的根本性问题，符合群众的长远利益。最终，县委顺乎绝大多数人的意见，下定决心，无论困难有多大，也要把这件造福子孙后代的大事办好。实践证明，只有深入到群众中，从绝大多数人的利益出发，才能获得群众的支持，掌握群众创造的经验，开创工作

的新局面。

红旗渠开工不久就遇到了麻烦。战线太长，力量分散，3 万多人分散在 70 多公里的主干线上，各自为战，工效很低。县委随即与民工、技术人员座谈，听取意见，及时调整了原定施工方案，决定缩短战线，集中兵力先修建山西境内 20 多公里长的渠道。一方面可尽快把漳河水引入林县境内，同时还可以减轻山西人民的负担。做出这样的调整后，只用 3 个多月就把 20 公里渠道建好了，取得了阶段性胜利，极大地鼓舞了士气。

这些事例说明，好事做好并不容易，会遇到很多不可预知的问题。但只要是有利于人民、有利于党的事业的，只要能够坚持实事求是，以科学的态度来面对，将原则性与灵活性统一起来，在广大人民群众的支持下，任何困难都会迎刃而解。

如今，当年施工时隆隆的爆破声已经久远，很多建设者已经故去，健在的英雄已经迟暮，只有一渠清水静静流淌。但那一代人用青春热血甚至生命熔铸的伟大的红旗渠精神却永远熠熠生辉，永远值得我们学习和大力弘扬。

多年来，河南省委、安阳市委、林州市委高度重视对红旗渠精神的弘扬，相继建立了红旗渠精神研究会，创办了红旗渠干部学院、红旗渠企业家学院，修建了谷文昌纪念馆（谷文昌系林县南下福建省干部，为东山、宁化两县做出了重大贡献）。这些措施，在加强党的建设，培养、教育党员干部，推动各项事业的发展中发挥了巨大的作用。

我曾五次到红旗渠参观学习，还从林州出发追根溯源，到山西省平顺县的渠首参观，深受教育。我也阅读过不少反映修建红旗渠过程的书籍，但这本《红旗渠图志》令人耳目一新。该书将图与志有机结合，图文并茂，相得益彰，系统地、直观地、鲜明地讲述了红旗渠的故事，展现了红旗渠精神，不少图片还是首次公开发表。这样不仅可以让读者一目了然，而且更加生动地展现了当年的艰辛和其精神的可贵。愿有更多、更好的反映红旗渠的作品不断问世，都来做红旗渠精神的宣讲人、传承人，都来为我们的民族精神讴歌。让红旗渠精神鼓舞人民奋勇前进，开创更加美好的未来。

是为序。

張全景

2019 年仲夏

序言

一个时代的记忆和永恒的精神

中共河南省委原书记　徐光春

我于2004年至2009年曾在河南省工作过五年。这段工作经历，让我有了更多机会近距离感受和了解红旗渠，进而对红旗渠精神有了更深的思考、理解和启迪。当年修建红旗渠时，林县干部群众那种极具感染力的质朴、纯粹、勇敢和豪迈的品格，似一种无穷的力量时时壮我襟怀，伴随我不枉岁月完成履职使命。这一不朽的民族精神，不仅属于林县和河南，更属于中国；不仅属于历史，更属于当下和未来。

红旗渠是20世纪60年代，河南林州（原林县）人民在生产力水平相当低的条件下，仅凭着自己的雄心壮志和粗壮的双手，在中国共产党基层领导者的带领下，历经10年时间，修建的举世闻名的大型水利灌溉工程。这个伟大实践是中国人民改造自然、利用自然的伟大作品。在这场气壮山河的奋斗中，孕育和形成的“自力更生、艰苦奋斗、团结协作、无私奉献”的红旗渠精神，永远是激励中华民族勇往直前的精神动力。因此，习近平总书记深刻指出：“红旗渠精神是我们党的性质和宗旨的集中体现，历久弥新，永远不会过时。”[①]

始终如一的忠诚是前提。忠诚就是党的领导干部在思想和行动上，对党和人民耿耿忠心无二意。红旗渠精

---

① 吕晓勋．守护心中不倒的旗（快评）[N/OL]．人民日报，2015-04-04（4）．http://opinion.people.com.cn/n/2015/0404/c1003-26798559.html.

神具有鲜明的品格，那就是信念坚定、勠力同心，面对挫折和困难，毫不动摇地拼搏奋斗。当年林县县委书记杨贵同志具有坚不可摧的政治信仰和坚定不移的政治定力，他把对党的无限忠诚化作带领人民“重新安排林县河山”的意志。他和县委一班人，从群众最关心、最迫切的干旱缺水问题入手来改造林县山河。自上到下，由内至外，千方百计、千辛万苦地解决当时最大的民生问题，体现出来的就是对党和人民的赤诚之心。从翻山越岭的勘探，到干群一体精心谋划，到10年艰苦奋斗，没有这份忠诚是很难坚持下来的。可以说，如果没有党的坚强领导，没有政治引领带来的行动力量，就不可能有在共和国最为困难时期，在如此艰难的条件下，创造出红旗渠这个震惊中外的人间奇迹。可见，思想和行动的凝聚至关重要。在奋力实现中华民族伟大复兴中国梦的征途上，用新时代新思想的标尺，丈量红旗渠精神的厚度，就会从中更加感受到，以红旗渠精神诠释的信念力、领导力、团结力、执行力、创新力，就是为加强和改进党的思想政治工作注入的活水清流，更会增添引领广大党员干部群众，切实增强对党的思想、政治和情感上的认同，更能指导推动工作，成为不竭动力。

坚定无畏的担当是关键。这种担当就是党的领导干部为党、为人民、为事业的挺身而出。当年修建红旗渠，既没有可供借鉴的经验，又缺乏充足的物资和技术条件，还要面对设计中稍有误差就可能引不来水的巨大风险，还有不时袭来的各种干扰和质疑。对于这种种困难，林县上下所形成的豪迈的创业精神和坚定的雄心壮志，县委领导们从没有动摇过，广大基层干部从没有动摇过。他们争相承担责任，体现出的就是领导干部勇于担当的精神和态度。他们带领全县人民毅然决然打响并打赢了这场前无古人的硬仗。修渠过程中，哪里任务最重，哪个地方最险，党员干部就会出现在哪里，以先锋模范的形象担当起工程建设的中流砥柱，形成了建设红旗渠的强大凝聚力和感召力。新时代呼唤新担当，广大党员干部只有一心为党、为国、为民，敢于迎难、承责、担险，才能不负重托、不辱使命，才能赢得人民群众更多的支持和拥护。

秉公无私的操守是根本。这种操守就是公而忘私、无私奉献，就是干干净净、廉洁自律。红旗渠一渠清水畅流不息，它不仅是一条生命渠，更是一条廉政渠。红旗渠工程历时 10 年、投资近亿元，未发生一起贪污挪用，没有一个干部失职渎职，账单至今清晰可查，有整有零。尽管在质疑中查过账，但被查的更是让人感叹一片清白！林县县委是靠制度获清白，靠品德亮清白，靠人格守清白。“清白”二字到任何时候都是对领导干部的底线考验。在一个经济极端困难的年代，在一个周期漫长、工程浩大的水利建设工程中，党员干部一直吃苦在前，以苦为乐。劳动标准始终高于群众，口粮标准始终低于群众，这种严于律己、清廉如水的高风亮节，又怎能不感人肺腑、使人深思。红旗渠也应该是新时代党员干部的作风标尺和廉洁标杆。国家要发展，必须着眼提高党的建设质量，必须建设更加健康清朗的政治生态。广大党员干部特别是领导干部只有随时随地明法度、讲纪律、守规矩、重品行，在清正廉洁上立得住、站得稳、过得硬，经得起党和人民的检验，才能不辱共产党员、党的领导干部、人民公仆的称谓，称得起对党和人民负责。

扎实过硬的作风是保证。杨贵率领的林县县委的立身行事风格就是扎实过硬。红旗渠精神的落脚点是实干和苦干。为了彻底改变十年九旱的历史，林县广大党员干部群众风餐露宿、日夜奋战，就是用一锤一钎削平山头 1 250 座，凿通隧道 211 个，架设渡槽 152 个，挖砌土石 1 515.82 万立方米，修建各种建筑物 12 408 座。这些数字是用热血和汗水乃至生命铸就的精神丰碑。红旗渠精神就是没有条件创造条件也要上，就是知难而进、迎难而闯，就是十年如一日地自力更生、艰苦奋斗，最终实现为了人民群众利益而引来水的目标。当前，面对新时代的新挑战，广大党员干部需要坚持发扬红旗渠精神，抓紧每一天，做好每件事，一步步向我们党既定的目标靠近。党的十九大制定了实现社会主义现代化的路线图和时间表，到2020年全面建成小康社会，到2035年基本实现现代化，到本世纪中叶建成社会主义现代化强国。我们必须紧紧围绕这一发展目标和阶段任务同心聚力，并且要以实干爱祖国、以实绩报效党、以实效慰人民的思想和行动，用红旗渠精神教育和激励广大党员干部群众锐意进取、奋发有为，以高质量发展强势开启新时代全面建设社会主义现代化新征程。

红旗渠是一个时代难以抹淡的记忆。虽然已经过去了50多年，但林县人民对国家和社会的贡献，以苍劲的笔触镌刻在共和国的史册中。红旗渠修建岁月中所形成的红旗渠精神，更是一座永恒的丰碑，历久弥新，光彩依旧，深深地留在了人民的心底。

时代呼唤红旗渠精神不断传承，作为媒体人出身，我就更青睐、期待有更多更好宣讲红旗渠故事和传颂红旗渠精神的图书面世。世界图书出版公司的这部《红旗渠图志》图文并茂的呈现形式，令人眼前一亮，富有新意，这对锤炼党性、净化心灵，一定会起到很好的积极作用。让我们都来大力弘扬红旗渠这样的民族精神、时代精神，努力传承好、弘扬好，更好地激励祖国人民为创造美好生活贡献智慧和力量！

2019年秋

不忘初心：杨贵的可贵之处

第十二届全国政协教科文卫体委员会副主任、河南省政协原主席　王全书

习近平总书记指出："红旗渠精神是我们党的性质和宗旨的集中体现，历久弥新，永远不会过时。"年届90的杨贵老人走了，半个世纪前带领林县人民在巍巍太行崇山峻岭中建成"人工天河"的老人走了。人们以无尽的怀念，仰望着这座社会主义建设时期永恒的精神坐标，叙说着杨贵和红旗渠这一图存图强、追梦圆梦的中国故事。

古有都江堰，今有红旗渠；古有李冰，今有杨贵。讲红旗渠、讲红旗渠精神，都不能不讲杨贵。那么，杨贵身上到底有哪些难能可贵的地方呢？

杨贵的可贵之处一：不忘初心，"为了人民修渠，依靠人民修渠"的人民情怀。中华人民共和国成立前，林县吃水贵如油，十年九不收，历史上禾枯苗焦、十室九空、人相食的记载触目惊心。缺水，是长期困扰林县人民生产生活的症结所在；摆脱干旱缺水的煎熬，是全县父老乡亲的殷切期望。杨贵牢记党的宗旨，不驰于空想，不骛于虚声，带领县委一班人走村串户，问计于民，林县的每一座山、每一道岭、每一条沟，都留下了他风尘仆仆的足迹。杨贵先后在500多个村庄蹲过点，在1 000多户农家吃住过，他既实地考察各村镇缺水的状况，又注意总结群众因地制宜创造的治水经验，进而大胆提出了"劈开太行山、引漳入林"的方案。"脚下有多少泥土，心中就沉淀多少真情。"杨贵以造福全县人民为最大政绩，讲出的话掷地有声："群众最迫切需要解决的问题是什么？是缺水。那就修渠！"在当时的条件下，干还是不干、大干还是小干、自力更生还是等靠要？经过全县范围内广泛深入的大讨论，杨贵把县委的决策变成了全县干群的共同意志和自觉行动：宁愿苦干，不愿苦熬！困难再大，

也要把人民的利益放在心中最高的位置，把修建红旗渠这件造福子孙后代的大事办好！就这样，1960 年的元宵节，杨贵率领着浩浩荡荡的修渠大军开进了莽莽太行。

杨贵说："只要领导一心为人民，就能赢得万众一条心。"前后十年，杨贵与修渠群众同甘共苦，遇到问题与群众商量，碰到困难向群众请教，领导、群众、技术人员同心协力、众志成城。每一寸渠道、每一孔涵洞、每一架渡槽、每一座桥梁，都浸润着杨贵和全县人民的心血和汗水。3 万多名共产党员、共青团员、基干民兵冲锋陷阵，夫妻并肩，父子同行，老中青三代前赴后继，参加过修渠的林县人达 30 多万，终于使全长 1 500 多公里的红旗渠在悬崖峭壁上横空出世。

杨贵的可贵之处二：不忘初心，"靠着彻底的唯物主义态度，靠着对党和人民的忠诚"的坚强党性。杨贵在带领全县人民修建红旗渠的过程中，从设想、勘察、决策到施工，解放思想、实事求是贯彻始终，对党忠诚、为党分忧、为党尽职、为民造福的坚强党性一以贯之。他敢于顶住浮夸风、实话实说，为建设红旗渠预留了基本的粮食储备。1958 年"大跃进"，浮夸风刮得人们东倒西歪，粮食产量虚报严重；杨贵坚持实事求是，顶住重重压力，既不虚报也不瞒报，始终坚持林县小麦亩产 114 斤。结果，在不少地方因虚夸而被征了过头粮的情况下，林县除了安排好群众口粮外，还留有 3 000 多万斤的储备粮，这是他们在三年困难时期敢于向穷山恶水开战的重要底气所在。

杨贵善于拓宽思路，跨省寻找水源。起初，杨贵提出蓄住天上水、挖掘地下水、利用河里水，打了很多旱井，修了几条水渠和三座中型水库，想以此结束林县缺水的历史。1959 年的一场特大旱灾，使这些水利设施形同虚设，境内河流全部断流，逼着他们不得不跨省在毗邻的山西省平顺县找到漳河这个可靠的水源，解决了红旗渠的源头活水。正是带领干部群众修建红旗渠的生动实践，使杨贵的党性得到了锤炼，提升了他看问题的眼力、辨是非的脑力、谋事业的能力、敢创业的魄力和为人民的定力。

杨贵的可贵之处三：不忘初心，"无私无畏、敢想敢干、迎难而上""重新安排林县河山"的担当精神。红旗渠动工时，正值我国三年困难时期，国际敌对势力千方百计对我国封锁、制裁，其间还经历了"文革"的曲折。正是在这个时间节点上，杨贵挺身而出，敢于担当责任，以“功成不必在我”的境界和“功成必定有我”的担当，以愚公移山的毅力和坚持，把使命放在心中，把责任扛在肩头，敢打攻坚战，迎着困难上，领着全县人民自力更生、勤俭修渠，走前人没有走过的路，干前人没有干过的事。没有石灰自个儿烧，没有炸药自个儿造，没有技术干中学，没有水准仪就用一脸盆水和一根绳子代替；没有住处，就石洞安身，露天野宿，薅草当被，星辰作窗；没有大型施工器械，就铁锹、镢头、小推车齐上阵；为了节省资金，修渠工具由群众自带，施工器械由群众自制。杨贵为全县上下树立了敢于担当的一面旗帜、一个标杆和一面镜子，形成了担当可贵、担当光荣、为担当者担当、对负责者负责的良好氛围，锻造出有铁一般担当的队伍，使人人愿担当、能担当、善担当，“重新安排林县河山”的宏誓大愿得以实现，创造出了经得起实践、人民、历史检验的骄人业绩。

修红旗渠是在干前人未曾干过的事业，没有现成的经验可以遵循，探索过程中的失误难以避免。面对失误、挫折，杨贵不推责、不诿过，勇于承担责任、修正错误，奔着问题整，揪着问题改。这同样是对领导干部胸襟、勇气和格调的考验。工程刚启动时，杨贵提出的是“大战八十天，引来漳河水”的目标。开工不久就暴露出战线太长、物资匮乏、技术力量奇缺、无法统一指挥的问题。一个多月过去了，山上只留下了一个个“鸡窝坑”。杨贵以直面失误的坦荡襟怀，不文过饰非，不推脱躲闪，而是当机立断召开现场会议，公开承担责任、检讨错误，集思广益，调整部署：一是树立长远作战、长期奋斗的思想，原本提出的“大干八十天”的口号是脱离实际的；二是集中精力打歼灭战，由全线铺开改为分段施工。有多大担当才能干多大事业，尽多大责任才会有多大成就。正是这一重大战略调整，有效地保证了红旗渠建设又快又好地推进。面对困难和挑战，是计较个人名利、患得患失、畏首畏尾，还是敬业奉献、动真碰硬、担当有为？这是检验广大党员干部的试金石。“为官避事平生耻。”杨贵鄙夷那种在其位不谋其政、遇到矛盾绕着走、碰见困难躲着行的懒汉思想，对“只要不出事、宁可不干事”、热衷于当“太平官”的庸人哲学深恶痛绝，以当好中流砥柱的英雄气概彰显出共产党人的一身正气。

杨贵的可贵之处四：不忘初心，“行得端、立得正”“群众吃啥我吃啥”的清廉作风。“工作高标准、生活低标准”，是杨贵给修渠干部们制定的规则，并具体化为“五同六定”：同吃、同住、同劳动、同学习、同商量，定任务、定时间、定质量、定劳力、定工具、定工段。他率先垂范、身先士卒，所有干部都参加第一线的劳动，任务只能超额、不能拖欠。他和干部们的工作量比群众的大，但口粮标准却比群众的低。有一次，杨贵饿晕在工地上，炊事员做了碗小米稠粥偷偷端给他，他非常生气地说："群众吃啥我吃啥，决不能搞特殊！"他硬是把这碗粥倒进大锅里搅了又搅，和民工们一起分着吃。

杨贵一手抓工程建设，一手抓廉政建设，在创造"水上长城"工程奇迹的同时，也打造了一支干净干事的特别能战斗、特别廉洁的干部队伍。他领着县委和总指挥部制定了海量的各类纪律和制度文件，涉及红旗渠的方方面面，并充分发挥群众的监督作用。在红旗渠的资料中，有一类资料所占比重很大，那就是账单。各式各样的账单，上到地委县委，下到民工小组，每个账单上都盖满了手章、手印，每个数字都精确到了小数点后两位，所有账单都有整有零、清晰可查，见证了修渠人执纪的严肃、严厉、严密、严谨。杨贵在半个世纪前坚持的预防为主、防微杜渐的做法，与今天实行的"纪在法前"有着异曲同工之妙！近亿元的工程，十年的时间，几十万干部群众参与建设，难以计数的巨量物资，其间没有一个干部失职渎职，没有一处挥霍浪费，没有一次请客送礼，没有一例贪污受贿，没有一个人挪用建渠物资，这是何等难能可贵的廉政奇迹！红旗渠是一条生命渠，也是一条廉政渠，不仅是以人民为中心、为人民服务的典型，是上下同心、其利断金的典型，还是勤政廉政的典型，是加强党建、增强党和政府公信力的典型。林县的老百姓有口皆碑，他们说："干部能够搬石头，群众就能搬山头；党员干部能流一滴汗，群众的汗水就能流成河！"这句话当年用石灰写在了太行山的岩石上，至今仍依稀可辨。杨贵调离林县时，自发为他送行的群众排成了长龙，苦苦挽留，有的端着一碗清水，有的打出"太行一渠清水，杨贵两袖清风"的横幅。

天地英雄气，千秋尚凛然。红旗渠的总设计师杨贵老人走了，他给我们留下的无尽精神财富，必将激励着千千万万党员干部在习近平新时代中国特色社会主义思想指引下，继承前人的事业，接续今天的奋斗，实现美好的梦想，书写精彩的人生。

王金书

2019 年 8 月

目录

上篇

梦想千年
悲歌怨

『旱』字写满林县史

"HAN" ZI XIE MAN LIN XIAN SHI

◎山川涸枯地撕裂

◎世代干渴祈上苍

◎铭记当年修渠人

坚硬的太行岩石（拍摄 / 魏德忠）

龟裂的土地（提供 / 周锐常）

当历史的年轮不经意地碾过尘埃，那些历经风雨沧桑的千年往事，从那斑驳迷离的痕迹中，依旧还能在仰俯之间感受到蓦然的触痛。太行山，这座横卧在中国版图上的质朴名山，不仅记载了太多的先祖传说和先辈伟业，也目睹了林县久远陈年的旱荒岁月和那历史上的无数心酸。

打开《林县志》，可以看到，从 1436 年至 1960 年的 525 年间，对“旱”字都有着很多痛心的记载：

1436 年 大旱

1549 年 大旱

1589 年 大旱，人相食

1640 年 大荒，人相食

1691 年 春无雨，秋逢蝗灾，大饥

1721 年 大旱

1723 年 大旱

1758—1760 年 大旱，人相食

县桂林镇流山沟村荒旱碑上，记载了清光绪五年（1879 年）大旱之后，本村 51 户，死绝 17 户人口的悲惨命运（提供 / 周锐常）

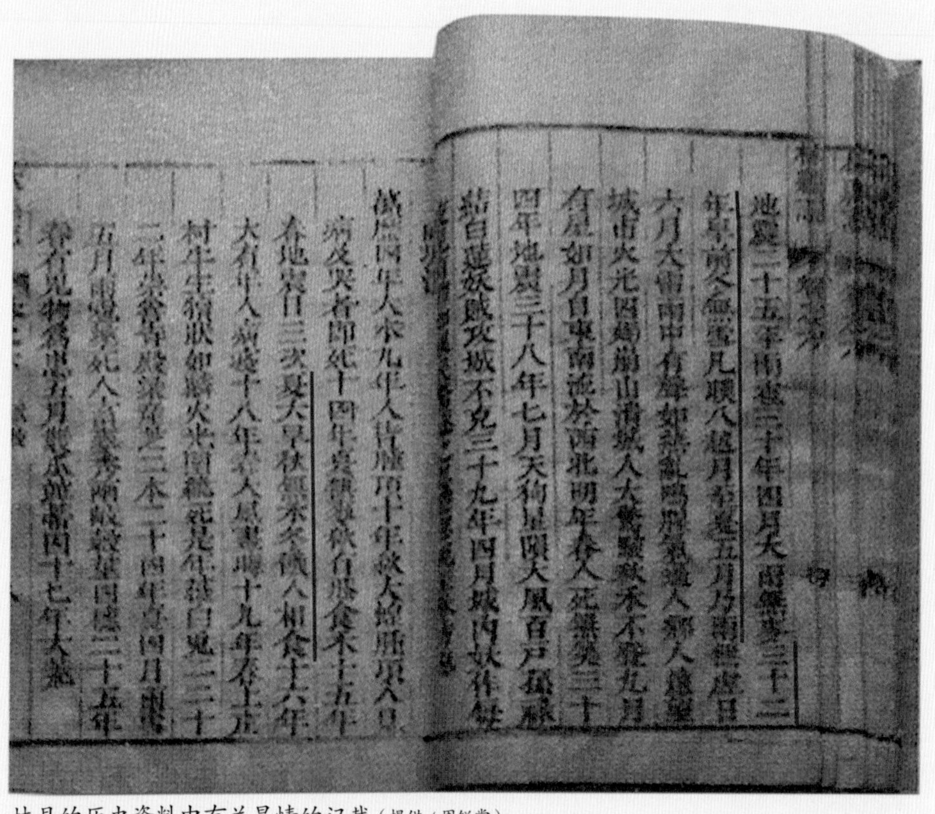

林县的历史资料中有关旱情的记载（提供 / 周锐常）

1834—1837 年 大旱，人相食

1876—1878 年 连年大荒，人相食，人死十分有七

1920 年 凶旱，无麦

1926 年 大旱

1936 年 秋大旱，绝收

1941—1943 年 连年大旱，绝收，蝗灾，逃荒人数占全县总户数 14%，饿死 1 650 人

1953 年 春夏大旱，秋作物全靠抗旱点种

1959 年 大旱，河水断流，井塘干涸

1960 年 大旱 200 多天

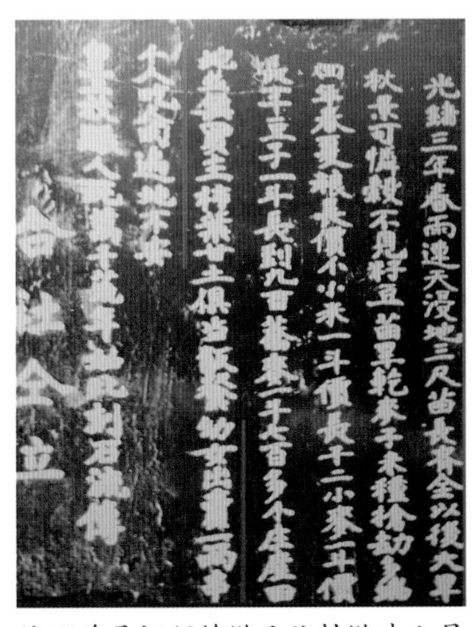

该石碑是河顺镇塔子驼村塔珠山旱灾碑。碑文记载："幼女出卖，一两串个，人吃人肉，遍地不安。"（翻拍自红旗渠纪念馆）

大旱、连旱、凶旱……一个满目干涸的"旱"字让这片土地河干井枯、十室九空、遍地不安……读着那凄惨的数字和简述，仍会让人骤袭苦涩，也会有着莫名的不寒而栗。

两千多年前，思想家老子曾经感叹"上善若水。水善利万物而不争。"当然，这是对高尚品行的赞颂，但也说明只有水才能使江河万古、生命永恒。然而，生活在这个山沟里的人，却没有得到上天的垂爱，上天对这块土地所给予的只有足够的吝啬。水，对这里的人们来说，是最痛、最深的记忆。

在林县，尽管岁月掠过，但祖辈们在碑石上留下的旱灾记录仍然依稀可辨。那些是一段段痛苦的印记，那些是刻在心里的悲伤。

山川涸枯地撕裂

穿越时空的隧道，可以看到，这块土地的百年旱荒史，就是一部悲惨无比的血泪史和灾难史。一个大大的“旱”字，一直笼罩和蹂躏着这里的人们。

林县位于河南省最北端，地理位置属晋、冀、豫三省交界。境内山石林立，沟壑纵横，太行山主脉穿越林县全境。山岳的面积占到70%。境内地势由西向东倾斜，因而地形陡峭，断层多，地壳碎，地质结构复杂。大小山峰连绵环接，导致林县境内形如漏斗，很难形成稳定的隔水层和蓄水层，流水漏失严重。林县境内的几条河流也由于受地势影响，纵坡大、经流短、积水很难。林县人这样描述自己：天旱把雨盼，雨大冲一片。卷走黄沙土，留下石头蛋。当时全县1 771个自然村，大都分布在深山峡谷、垴尖沟边。打井几十米、上百米见不到水都是常事。有一个村子曾经打到248米才见水。可见，

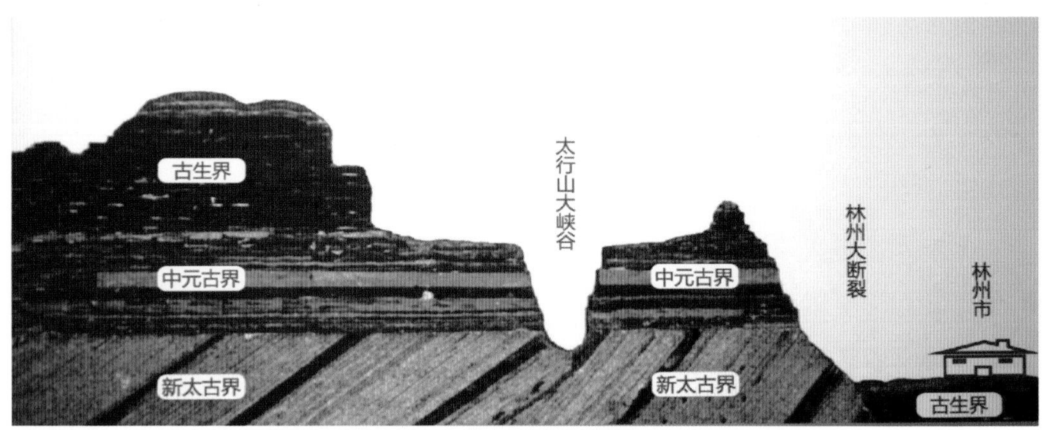

林州市地质构造图（翻拍自红旗渠纪念馆）

因井极深，打水往往需要很多人一起劳作（拍摄 / 魏德忠）

由于地理结构特殊，地下水和地表水都难以有效利用。

林县的地质结构加上干旱，让这里的人民饱受缺水之苦。清朝光绪年间，林县大旱，三年绝收无粮，因饥而死者，因病而死者，难计其数。死于路上者无人掩埋，反而有人割肉而食。旱灾104次，大旱绝收达38次；“人相食”，如此惊心动魄的字眼，在林县的历史文献上就出现5次之多。其状之惨、之凄、之悲，岁月写下的无情和冷酷，非一卷画面可尽述。林县人民就是世世代代挣扎在这块十年九旱、水贵如油、贫瘠困苦的土地上。

水是万物之源。在过去的林县有个特殊的风俗，亲人来了不倒水，客人来了不倒茶。水，是这里最奇缺和珍贵的东西。对于水，他们就是吝啬到这种地步。这里的人们为喝到一口水，都得翻山越岭地跑出几十里路去担。每天、每年，都会有大把的时间用在崎岖山路的往返上。为了水，多少人流干了眼泪，多少人累弯了筋骨。一段段悲凉凄惨的记载，至今仍会让人扼腕长叹。

桂林镇南山村，一个林县典型缺水的村庄，要取水就得去20多里外的万泉湖。红旗渠劳模张买江回忆，

每年，林县人有近4个月的时间需要走在取水路上（翻拍自红旗渠纪念馆）

长途跋涉去挑水（提供/魏德忠）

年幼的孩子也要和大人一样挑起沉重的担子（翻拍自红旗渠纪念馆）

好几个成年人一起拉动长达几十米的井绳（翻拍自红旗渠纪念馆）

当年的水井（拍摄/周锐常）

当时不到10岁的他要往家里挑水，用的是两只木桶，半担水也有几十斤重。肩膀压肿了，半路上歇几次，咬着牙也要把水挑回来。他的母亲赶着毛驴到万泉湖驮水，湖岸泥泞，立脚不稳，跌入湖中，要不是救援及时，恐怕就会淹死在那里。

民间一直流传这样一个故事：林县桑耳庄村六旬老汉桑林茂，大年三十的五更天就来到八里外的黄崖泉

反映当时林县缺水的实景雕塑（拍摄 / 刘陶）

担水。大旱之年，泉水只剩下香头那么粗，远近来这里担水的人很多，直到天将黑，他才接满了一担水。家里等水待炊的儿媳妇王水娥看到天色已晚，就摸黑出村去接公公，她接过公公挑着的担子，眼看就到家了，被石块绊了一下，桑老汉一天的辛苦洒了个精光。性格倔强的王水娥又羞又愧，除夕之夜悬梁自尽了。就这样，一担水夺去了一条鲜活的人命。

干枯的土地（翻拍自红旗渠纪念馆）

比这更可怕的是人兽争水。异常缺水的山村，只有一坑山石缝里渗出来的水，天越干旱，人兽争水越厉害。一个青年去挑水，一个十来岁的孩子中午去取水，一个妇女傍晚去担水，同一个地方，都葬身狼腹。

雪上加霜的是大灾连年。1941年到1943年，林县三年绝收，家家颗粒无存。特别是1942年，一场惨绝人寰的大旱，夏粮无收，水井干涸，河水断流。不仅旱灾，还有蝗灾。蝗群飞过来，瞬间看不见太阳；一落地，顷刻间就把整片的庄稼吃得精光，真是“蝗虫在，寸草无”。当时有524个村的庄稼全部被蝗虫吃掉。林县人民饥病

旱灾之年，逃荒在外的林县百姓（翻拍自红旗渠纪念馆）

交加，苦不堪言。那年，几乎是“家家添新坟，村村有哭声”。

那段岁月是凄惨和悲愤的。没有水，为了求生，丧失理智的灾民，竟然将自己的孩子煮了吃；婴儿饿死后，母亲怕孩子被别人吃掉，竟将婴儿塞入绝壁；有的人家把所有的东西变卖换得最后一顿饱饭后，全家走上绝路。饿狗会从沙堆里拽出尸体，肆无忌惮地狂吞着。一首民谣道出了灾荒下人们的绝望：“人吃人，狗吃狗，老鼠饿得啃砖头。”遭难的人们衣衫褴褛、饥饿难熬，随时会因饥寒交迫和精疲力竭而倒下。百姓不得不逃荒外地，有的村庄就成了无人村。

红旗渠图志 世代干渴祈上苍

古往今来，林县人民的生存环境就是这样的恶劣。有人说：林县是个“三不通”的地方，即水不通、路不通、食管不通（食管癌多发）。凿井无泉，潦倒穷困，遭遇生存困境，人们往往会选择迁徙，当然也有固守。但无论是走西口、闯关东还是下南洋，这都是中国人历史上曾经有的足迹。因为，没有走出来的脚印，就没有闯出来的日子。应该说，迁徙这个举措对严重缺水地区的人们，是自然且必然的选择。尤其在生产力落后、生存艰难的旧时代，大都会这样。在林县，人们的迁徙其实就是逃荒。旱荒之年不得不背井离乡、沿路乞讨、卖儿卖女，以谋求生计。他们的逃荒，也就是逃命。

山西省晋东南和吕梁一带，有很多林县逃荒移民形成的“林县村”“林县沟”“小林县”。太原市五一广场附近，有个“林县移民巷”，长治市西南有个“林移村”，就是20世纪40年代由林县逃荒来的人家聚集而成的一个村庄。陕西省西安市还有一个移民大院，有林县移民近200人。逃离林县的，终究只是部分，更多的林县人还是固守在这片干渴的土地上，盼望有一天甘霖的喜降和滋润。

没有办法，那个年代要求生、求水，只能祈求苍天与神灵的眷顾。在这里，龙王庙随处可见。因为在中国古代传说中，龙掌管着人间的四季降水，具有兴云布雨的神性。祖祖辈辈的林县人祈求神灵的护佑，把求水的幻想寄托于苍天。

几乎村村都有的祈雨小庙（拍摄／周锐常）

为解水困，山民在开凿旱井（提供/周锐常）

每年的农历四月初一，朴实、善良的林县人就会从十里八村赶赴苍龙庙，将平日省吃俭用节省下来的财物贡到庙上。他们排着长长的队伍，虔诚地不停地磕头烧香，祈求上天赐水、天神降雨，祈祷神灵慈悲、恩撒大地，以使生灵得救。

人们祈祷了几百年。磕破了头，流干了泪，上天仍是不眷顾，不慈悲。龙王庙历经岁月，依然矗立；香火历经岁月，依旧袅袅。固执而傲慢的神灵，面对世代的祈求、人们的冀盼，就是不动声色，不肯庇护。旱魔的幽灵仍在太行山的这段山脉中徘徊和驻足。生活在大山缝隙中的人们，悲愤地蹒跚，沉痛地哀怨，苦苦地挣扎在死亡线上。

千百年来，在缺水的环境中生活的林县人想水、盼水、找水、求水，形成了与生俱来的恋水情结。水渗透于林县人的物质生活和精神生活中。这里的人们对水的态度与众不同，求水的心思无处不在，他们会将心愿寄

漳河支流露水河边的河神庙（拍摄 / 周锐常）

当年的旱井（拍摄／周锐常）

托到地名、村名或人名上，以求甘露的降临。地名习惯冠上“水”字，什么龙送水、砚花水、张家井、柳泉等；给孩子取名时更愿带有“水”字，什么兴水、发水、来水、水泉、水旺、水莲、水英等，每一个“水”字都撞击着林县人的心。

盼水没有水，望水望不到。天不降水，地难积水，土薄石厚，水源无几。苍天无雨地缺水，悲惨尽入百姓家。在林县，为水而死的人，不计其数，不知凡几。缺水的林县人世代希冀的雨润地茂、山清水秀、人寿年丰，只能是千年的梦想。

红旗渠图志 铭记当年修渠人

历史反复证明，谁能急老百姓之所急，干实事，谋实绩，百姓就会永远铭记谁。河南安阳“西门豹治邺”的故事能流传千年，就佐证了这一点。而在林县这个干旱缺水的地方，能给老百姓找来活命水的官员，也就必然青史留名，百姓百年传诵。在林县的历史记载和老百姓的心中，一直铭记着两条渠和两位县令，即为天平渠、谢公渠，李汉卿和谢思聪。

公元1268年，李汉卿到林县赴任后各处私访，看到这里缺水严重，惊愕此地名为“林”却如此干旱贫瘠！一日奔波后，李汉卿干渴疲劳，本想洗个澡解乏，但考虑缺水现状，就让人端盆水洗脸即可。但让他没想到的是，一个时辰（2小时）之后端给他的却仅仅是半碗浑浊的水。李汉卿当即怒道：“难道没有一点清净的洗脸水？”被呵斥吓了一跳的仆人战战兢兢地回答：“由于历来缺水，本地老百姓都不洗脸。有的人一生就洗三次，出生一次，婚嫁一次，死后一次。”

缺水竟达如此地步，震惊的李汉卿彻夜难眠，他发誓一定要为这里的百姓修条渠。于是，李汉卿举全县之财力、物力，用了3年时间，从太行山深处的天平山龙洞开渠引水，一直向东流到林县城。水渠长达10 000米，

旱威肆虐，田地龟裂，一片焦土（提供/周锐常）

宽 1 米，深 0.7 米，解决沿途百姓饮水和县城的供水问题。因这条渠是引自太行山的天平山龙洞的泉水，故此得名“天平渠”。元代文人胡祗遹为纪念李汉卿主持修建天平渠而写下一文《开天平水记》。文中详细记录了李汉卿为这条水渠所做出的努力和付出的心血。作者有感：“李公汉卿来治是州，下车抚民劝农，问以利病。教条既布，询谋于众，导水以东，以济渴、以溉枯槁。众踊跃从命，不督而疾。于是公同僚达鲁花赤石抹乞打歹、州判李让亲畚锸，碎巨石以火，堑高湮卑，顺流而行，滔滔汩汩，直抵城下”，“阖境之人，以公有润物之功，而感公之仁，能见前后临民者之所未见”，为后人推崇。

天平渠虽只解决十几个村庄的人畜饮水问题，但缓解了当地干旱缺水的情况，在治水上也给人以启迪。

公元 1592 年，河北举人谢思聪到林县任县令。他深知为官一任福泽一方的道理，也目睹了干旱给林县百姓带来的世代贫穷和生存艰难。为解决百姓的缺水之苦，谢思聪躬身进山，踏寻水源，找到位于红峪谷洪山寺附近的泉眼，组织十余村庄的村民，从那里凿出一条长 9 000 米、宽约 0.4 米的盘山渠道。

百姓难忘的谢公渠（拍摄 / 周锐常）

400 多年过去了，谢公渠的水依旧流淌（提供/周锐常）

谢思聪在任 4 年，挖渠 4 年，与干旱抗争了 4 年。他不仅组织施工，而且还捐献俸禄，甚至将自己珍藏多年的铜砚台交给仆役去当掉。当铺老板查看砚台时发现底部有谢思聪的名讳，立时明白怎么回事，主动抬高价格以助其修渠。谢思聪的义举得到了百姓的响应，大家出钱的出钱，出力的出力。公元 1596 年，这条救命渠水顺山而下，滋润了方圆几十公里的

土地，沿途农田得到了灌溉，人畜饮水得到了解决。通水之日，当铺老板将铜砚台送还，谢思聪感慨万千。这一方砚台也为当地留下一段佳话。

这条从洪山而下的渠本叫“洪山渠”，但为铭记谢思聪的恩德，当地百姓都称之为“谢公渠”。

可以说，谢公渠是林县延续时间最长的水利工程。为纪念这位为百姓做了好事的官吏，公元 1785 年，这

谢公祠雪景（提供/周锐常）

里的人们自愿集资建了座庙宇，取名“谢公祠”。谢公祠大门上贴有一副楹联，上联是“追慕谢公甘棠遗爱”，下联是“远存县令惠民恩德”，横批“万民拥戴”。这不仅道出了林县百姓对谢思聪的崇敬和感激之情，并且昭示后人饮水思源。而后，林县人每逢节日，焚香祭祀，世代如此。

林县百姓对谢思聪修渠引水功德赞誉不绝，其业绩也被载入历代修撰的《林县志》。有位诗人曾在此留下诗句：

列祖皆旱鬼，
来者望天青。
一渠长流水，
至今颂谢公。

能替百姓做事的人，百姓是永远不会忘记的。谢公祠内还存放着清代以来的碑刻，都是歌颂谢思聪功绩的，更可以说明谢思聪和谢公渠给这里留下的深远影响。

这条窄窄的水渠，流淌了400多年，当地的百姓就铭记了400多年，感恩了400多年。

誓把河山重安排

SHI BA HESHAN
CHONG ANPAI

◎政绩惊动中南海

◎笑傲太行敢问天

◎主席专列在新乡

◎引漳入林擂战鼓

陡峭险峻的太行山（拍摄／魏德忠）

太行山（翻拍自红旗渠纪念馆）

千百年来，缺水的林县人世世代代盼水的梦想，只有在新中国才能得以实现。

在这片干旱的土地上，回望漫长的历史，林县人与缺水的命运进行着持续的抗争。中华人民共和国成立前，林县历代地方官和当地群众自发地修造过十多条引水渠。但是，这些水利工程都只是小范围地解决了一部分老百姓的用水问题，更多的林县人还是生活在缺水的困境之中。

1949年10月1日，中华人民共和国成立。一直到1956年，中国共产党领导全国各族人民有步骤地实现了从新民主主义到社会主义的转变，基本上完成了国家对农业、手工业和资本主义工商业的社会主义改造。

1956年9月，党的第八次全国代表大会做出了党和国家的工作重点转移到社会主义建设上来的重大战略决策。林县同全国一样，积极响应党和国家工作重点转移的部署，迅速掀起了社会主义建设高潮。

千军万马上太行（提供 / 魏德忠）

政绩惊动中南海

1954 年，杨贵来到林县担任县委书记。这个 26 岁的年轻人，是一位执着的共产党人，格局大，有担当；不畏手脚，认准就干。林县有幸，因为杨贵的到来；杨贵有幸，他的一生都和林县紧紧地连在了一起。在他的倡导和主持下，林县开始了一系列的治水工程。那时，全县的耕地面积共有 98.5 万亩，但水浇地只有非常可怜的 1.24 万亩。

1956 年 2 月 17 日，林县县委召开大会，宣布对生产资料私有制的改造基本完成，社会主义制度正式确立。

学习中的杨贵（翻拍自红旗渠纪念馆）

调查研究是党的优良传统（翻拍自红旗渠纪念馆）

这样就有了尽可能地集中力量办大事的优越性，为林县发展社会生产力开辟了广阔道路。林县县委顺势而为，充分发挥政治领导的作用，坚持解放思想、实事求是，对全县干旱缺水的状况和水利建设远景规划做出了全面、客观的分析和研究。

杨贵带领县委干部实地调研，“摸清大自然的脾气”。他主持召开了第一次县委扩大会议。在会议上，他提出：要“知己知彼”，要“带领群众在适应自然的基础上改造自然”。

爱国渠（翻拍自红旗渠纪念馆）

爱民渠（翻拍自红旗渠纪念馆）

天桥渠（翻拍自红旗渠纪念馆）

淇南渠（翻拍自红旗渠纪念馆）

会后，为了解决林县缺水问题，杨贵和县委一班人带着干粮，沿着陡峭的山路，风餐露宿，一一察看了谢公渠、天平渠、黄华渠、桃园渠、爱民渠等历史上留下来的水利设施。杨贵仿佛看到了一部史书，一部从元朝以来林县水利建设的历史，一部林县人民不甘忍受大自然摆布、与旱魔斗争的历史。

不久，杨贵又组织县委水利技术人员对县域河流进行勘测规划，确定了水利建设要以小型为主、中型为辅，在必要和可能的条件下兴建大型水利工程的方针。

1955 年到 1957 年，仅仅三年时间，林县山区建设就取得了显著成绩。随着淇南渠、淇北渠、天桥渠、抗日渠 4 条渠的动工兴建，林县水利工程从小到大拉开了建设的帷幕。继 1956 年建成容水 40.6 万立方米的黄华水库之后，1957 年又建成了曲山、元家口、西沟、千人泉、四合 5 座水库，总容水 256 万立方米。

只要能引来水，别管多难，林县人就敢拼！就肯跟着县委干！

林县治山治水的开山炮响彻中原大地，水利建设的成绩得到河南省委的充分肯定。“穷则思变，要干，要革命”的热潮也惊动了党中央和国务院。1957 年 11 月，县委书记杨贵到北京参加全国山区生产座谈会议。原本 30 分钟时间的发言，在领导的鼓励下杨贵讲了整整一个上午。会上，林县山区建设和治山治水的情况引起了强烈反响。周恩来总理十分重视杨贵的发言，不仅认真阅读会议简报，会后还派国务院办公厅的同志进一步向杨贵了解林县缺水、交通不便和当地群众患地方病的情况。这也是周恩来总理第一次通过这样的方式了解林县，了解杨贵。杨贵没有想到，一个山区小县的工作，竟能够得到日理万机的周总理的高度重视！这让他对今后的工作更加充满了信心。

1957 年 11 月，杨贵到北京参加全国山区生产座谈会，在天安门前留影（翻拍自红旗渠干部学院）

笑傲太行敢问天

1957 年底，刚参加完全国山区生产座谈会议的杨贵回到林县，立刻马不停蹄地筹备并召开了中共林县第二届代表大会第二次会议。这是一个决定林县历史命运的重要会议。杨贵做了《全党动手，全民动员，苦战五年，重新安排林县河山》的报告，动员党员干部带领全县人民走向征服大自然的伟大征程，要下定决心，让太行山低头，让河水听用，从根本上改变林县山区的面貌。“重新安排林县河山”的大胆设想，也成了当地的一句名言，道出了林县人千百年的梦想。

“重新安排林县河山”是一份宣言书，它向穷山恶水宣告，在共产党的领导下，翻身做了主人的林县人民不想再忍受大自然的摆布，他们要按照自己的意志去改造自然。

“重新安排林县河山”是一个动员令，它号召全县党员干部和人民群众，继续发扬愚公移山精神。党心民心，团结一心，自力更生，艰苦奋斗，即将开

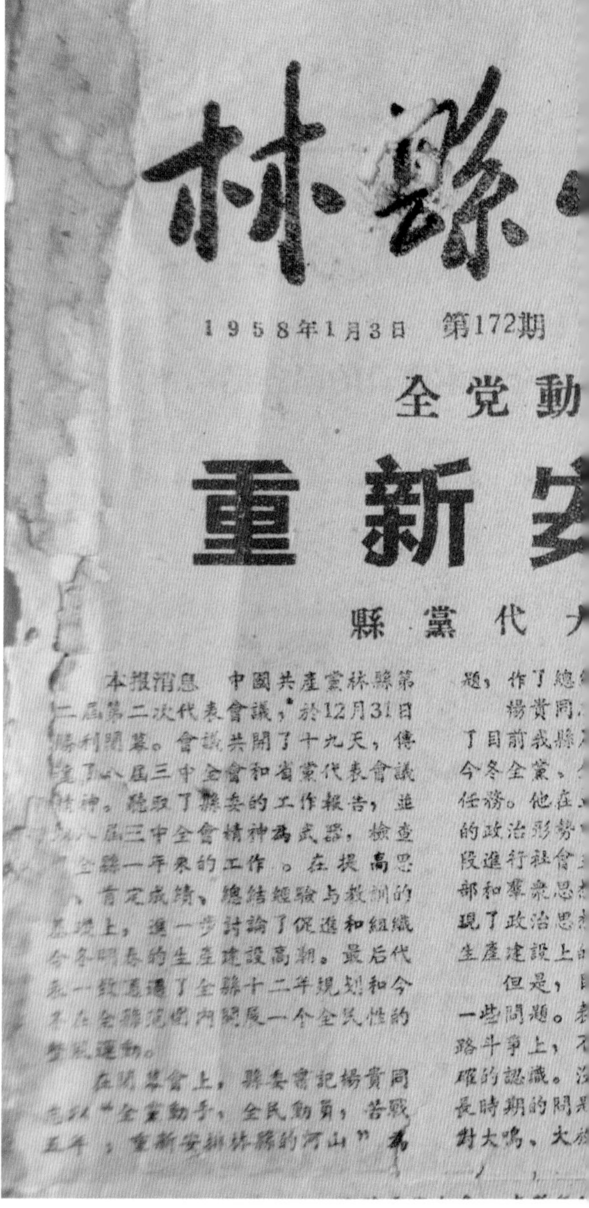

林縣

1958年1月3日　第172期

全党動

重新安

縣黨代大

本報消息　中國共產黨林縣第二屆第二次代表會議，於12月31日勝利閉幕。會議共開了十九天，傳達了八屆三中全會和省黨代表會議精神。聽取了縣委的工作報告，並以八屆三中全會精神為武器，檢查了全縣一年來的工作。在提高思想、肯定成績、總結經驗与教訓的基礎上，進一步討論了促進和組織今冬明春的生產建設高潮。最后代表一致通過了全縣十二年規劃和今冬在全縣範圍內開展一个全民性的整風運動。

在閉幕會上，縣委書記楊貴同志以“全黨動手，全民動員，苦戰五年，重新安排林縣的河山”為

題，作了總

楊貴同

了目前我縣

今冬全黨、

任務。他在

的政治形勢

段進行社會

部和羣衆思

現了政治思

生產建設上

但是，

一些問題。

路斗爭上，

確的認識。

長時期的問

對大鳴、大

山區農民的喜訊

农业部所科學院农业機械化研究所的科学工作者們，为了支援山區建設，正在积极进行山區农业機械的研究和改進工作。圖是青年科学工作者孙寳庄（左）和毛節榮正在研究改進一種七行的山地播种機，使它更輕便、更適合于山區农民使用。

新華社記者　傅　[illegible]攝

民動員　苦戰五年

排林县河山

二次會議勝利閉幕

這一最好的羣众路綫的工作方法認識不自覺。（二）在生產指導上，部分人存在着右傾保守思想，對山區建設勁頭不足。（三）目前生產高潮發展的不夠平衡。基本建設、小务管理、生產救災結合的不夠好等。為此，就必須在全县范圍內開展一个全民性的整風運動，進一步推動生產高潮。

楊貴同志說：全民性的整風運動是提起一切工作的綱。整那些內容呢？第一，繼續開展社會主義教育，進行全面的整黨、整社、整團工作。从而提高黨員、干部和廣大社員、手工業社員、小商販等的思想覺悟，划清大是大非和小是小非。第二，克服保守思想，繼續開展以水利水土保持為中心的冬季生產高潮。第三，由上而下，由下而上進行一次全面的生產規划。

報告的第三部分，詳細交代了整風的步驟和作法。

在結束報告時，楊貴同志號召說：“同志們，努力吧！我們在黨中央、毛主席和省委、地委的領導下，就要走向征服大自然的道路了。我們要鼓起闖勁，要搞着太行山給錢，強制漳、淇、淅河给粮！”

最后，代表一致通過了“關于各項報告的決議”和“關于向山區進軍開發山區的決議”。

下午，中共安阳地委第一書記耿光華同志，[illegible]示。

“重新安排林县河山”这个气壮山河的誓言鼓舞着要奋斗的林县人。1958年1月3日的《林县小报》就此进行了专题报道（拍摄／周锐常）

宁可苦干，不愿苦熬。在县委的领导下，林县人看到了希望（提供/周锐常）

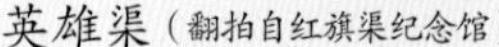
英雄渠（翻拍自红旗渠纪念馆）

弓上水库（翻拍自红旗渠纪念馆）

始征服大自然的伟大征程！

“重新安排林县河山”又是一幅美丽的画卷，它激励着林县人民在和大自然斗争中，开创未来，满怀信心地去创造美好幸福的新生活。

1958 年，英雄渠建成，解决了 8 万群众的用水问题。同年，要街、弓上、南谷洞 3 座中型水库分别动工，部分工程当年就投入使用。到 1959 年底，林县共建成中小型渠道 1 364 条、水库 36 座、池塘 2 397 个、旱井 27 120 眼、引水泉 650 个。

层峦叠嶂的太行山（拍摄/魏德忠）

红旗渠图志 主席专列在新乡

1958 年 11 月 1 日，正在新乡地委参加县委书记会议的杨贵接到通知：毛主席的专列已经开到新乡火车站，主席要找地委和县委的同志座谈。杨贵兴奋地登上了停靠在新乡火车站的主席专列，受到毛主席的接见。

领袖的手和一个县委书记的手紧紧地握在一起，这一历史性的镜头定格为永恒（拍摄／侯波）

毛主席很高兴地握着杨贵的手说："林县的杨贵，我知道你，听说你治水很有一套。"

杨贵谦虚地说："主席，我做得还很不到位，仅仅搞了几条小渠，林县目前还有一些人吃不上水啊。"

座谈时，毛主席说："水利是农业的命脉，要把农业搞上去，必须大搞水利……"

目送主席专列徐徐离开新乡车站之时，杨贵更坚定了重整林县河山的信念和决心。

同年，在全国水土保持会议上，周恩来亲自签署嘉奖令，表彰林县人民委员会在水利建设中取得的巨大成绩。来自毛主席、党中央的鼓励和奖励，极大地鼓舞了林县县委及林县人民治山治水的决心。

1958年，林县获得国务院嘉奖（提供/周锐常）

红旗渠图志 引漳入林擂战鼓

林县境内有好几条河流。最初，杨贵和县委其他领导以为，只要充分利用好河里的水，挖掘地下的水，蓄住天上的水，就能彻底结束林县缺水的历史。

然而，1959 年一场前所未有的大旱，又一次扼住了林县人民命运的咽喉，境内河流全部断流。挖山泉，打水井，地下没有水出；通水渠，挖池塘，天上没有水蓄；修水库，河道没有水引。多年后，杨贵曾感慨地说："回想起来，倒应该感谢 1959 年那场特大旱灾，那时面对严酷的现实，不仅考验了林县的水利设施，而且使县委从陶醉中清醒过来。对县委的思想也是一次调整和解放，旱情逼着县委必须重新考虑，如何去解决林县干旱缺水的问题。"

1959 年 6 月 11 日，在县委书记处会议上，杨贵总结了多年来兴修水利的经验，对全县干旱缺水情况和水利设施进行了分析。同时提出建议：要想彻底解决缺水的问题，单靠在林县境内解决水源已不可能，必须跳出本域局限，出去找水。至此也就有了"引漳入林"工程的构想。

会后，杨贵和县长李贵、县委书记处书记李运保等县委主要领导组成三个考察组，顺着漳河、淇河和淅河逆流而上，寻找新的水源。

很快，目标锁定在山西省平顺县境内的漳河。

1959 年的特大干旱使得林县境内河水全部断流（提供 / 周锐常）

林县县委领导组成三个考察组，在同一天，抱着同一个希望，向三个不同的方向出发（提供/李红）

看到流量丰沛的浊漳河，林县人就看到了引水的希望（提供/周锐常）

林县干部翻山越岭寻找水源（翻拍自红旗渠纪念馆）

其他两条均为季节性河流，而浊漳河常年流量为25立方米/秒，即使枯水季节也不少于10立方米/秒。当杨贵亲眼看到了滔滔翻涌、流量丰沛的漳河水时，喜出望外，兴奋极了，欣喜若狂地拍着手："就引漳河水！就引漳河水！"同行的周绍先也兴奋得跳起来："要把这漳河水引到咱林县，老百姓可就喜气冲天了！"

杨贵和县委领导研究“引漳入林”问题（提供/李红）

杨贵和县委的领导们踏山寻水，摸清水源，看到了林县的出路和希望！

6月15日，在县委常委会上，杨贵就“引漳入林”初步设想向常委们做了汇报。有的同志提出了不同意见。有的问，国家能拨多少钱？有的说，前几年修渠修库，县财政老本都花光了，拿什么修？杨贵严肃地说：“我们有党中央、毛主席的领导，有社会主义制度的优越性，相信一定会得到山西省委、晋东南地委和平顺县委的支持。现在的关键是咱们县委为什么修渠？靠什么修渠？怎样修渠？”这三个问题一提出，杨贵有些激动。他继续讲道：“咱们当年打日本鬼子，是为了人民当家做主；现在兴修水利，‘重新安排林县河山’，也是为了让翻身后的群众不再受缺水之苦。有困难，咱不怕，群众是真正的英雄。‘引漳入林’是林县人民的本质要求，一定能得到广大群众的拥护。充分依靠群众力量，我们就有了成千上万个‘孙悟空’。”他的一席话，感染了与会领导。常委们增强了“为民修渠”的使命感和担当感，也坚定了大家同舟共济、克服困难的信心和决心。

在杨贵的引领下，县委领导们的思维有了拓展，观念有了更新，思想也获得了解放，并达成了共识。可以说，这是林县县委领导人民多年在治水认识上的一个转折点。

会后，县委领导分头深入下去，广泛征求干部群众的意见。得知县委的想法，林县大批干部群众表现出空前的热情。

林县县委在做出“引漳入林”正确决策的过程中，十分注重通过讨论统一干部群众的思想。县委先后举行了两次县委书记处会议、一次常委会议、两次县委全体（扩大）会议，对这项工程进行了细致的研究讨论和分析部署。

这个过程，也是不断统一领导干部思想认识的过程，充分发挥了党的集体领导,促进了决策的民主化和科学化。

1959年10月10日夜，中共林县县委召开县委扩大会议，专门研究“引漳入林”工程问题，正式做出了“引漳入林”工程的正确决策，迈出了“重新安排林县河山”决定意义的一步，为“人工天河”的修建完成了最为重要的前提。

这注定是一个不眠之夜，很多林县人听说县委要讨论“引漳入林”，纷纷自发赶来，围在会场外。当他们听到杨贵说“引漳入林，势在必行。我们要苦干几年，在太行山上凿出一条运河，把漳河水引到林县来，彻底

巍峨的太行山（拍摄/魏德忠）

结束水贵如油的历史”时，大家再也憋不住了，对着会场齐声大喊：“‘引漳入林’好得很，俺农民一万个拥护！”大家表示：宁愿跟着县委苦干，也不愿受老天爷摆布苦熬，只等县委一声令下，立刻出发，不把漳河水引来，誓不罢休！听着群众发自内心的呼喊，杨贵信心倍增，平添了无穷的力量。

想把山西省平顺县境内的漳河水引到河南省林县来，这是一件多么艰难的事。二十世纪五六十年代是一段特殊的历史时期。当时国民经济遇到重重困难，很多国家大型工程都已下马，小小的林县更不可能得到国家资金的支持。要启动“引漳入林”这么

杨贵和县委领导统一思想。为了人民的利益，决心要打一场硬仗（提供/李红）

大的工程，林县就要面对这样几个问题：第一，正值国民经济困难时期；第二，县里财政的储备金有限；第三，县里的储备粮食有限；第四，水利专业技术人员匮乏；第五，施工材料不足，工具原始、落后，没有大型机械。

这么多关键问题砸下来，怎么办？干不干？杨贵心里盘算着下一步应该怎样做。

工程怎么干，得拿出一套方案来。70多公里长的总干渠全在太行山的悬崖峭壁上，随山势蜿蜒盘旋。渠水沿着山崖，究竟能不能流过来？浊漳河的携沙量又很大，淤积阻塞了怎么办？过水量那么大，渠底坍塌或水冲垮渠道怎么办？这都需要相当精准的勘测和设计。如果没有精确的测量，就会差之毫厘，失之千里，其结

太行山脉（拍摄 / 魏德忠）

果就是有了水源也修不成渠，渠修成了水也过不来。因此，实地勘测，找准渠线，精准设计，十分重要。

杨贵彻夜难眠，想起奶奶曾经讲过的一个故事：家乡汲县的一个村子，全村百姓集资修盘山渠引水。因测量不准确，渠道上游低、下游高，水流不过来，主持修渠的人自责不已，上吊自杀了。

杨贵最担心的就是技术测量的可靠性。这么大的工程，万一技术数据出现误差，真要是渠修成了，水引不过来，那可如何向林县的父老乡亲们交代？那时自己可真要成为历史的罪人了。这个工程绝对是经不起失败的。

为此，杨贵寻遍全县水利系统，只找到了一个科班出身的黄河水利专科学校毕业生——当时年仅26岁的

勘测技术人员在测量（翻拍自红旗渠纪念馆）

吴祖太。思虑再三，杨贵把这副重担交给了这个年轻人。吴祖太不负所望，勇担重任，马上和测量小组一起投入工作。时值寒冬，勘测技术人员就着冰雪啃着干馍，在上不着天、下不着地的绝壁上勘测，不少地方甚至是人类第一次涉足。有时水平仪在悬崖上找不到合适的支点，吴祖太就让人用绳子把自己吊在悬崖边，把水平仪的两个支点放在自己的肩膀上来勘测。就这样，测量人员用最短的时间，完成了工程的实地勘测和蓝图设计，而且是3套方案！杨贵担心测量不准，让吴祖太带人多次复核。最后，吴祖太郑重地对杨贵说：“杨书记，就是1∶8 000的坡比，我们的设计没有问题，我可以用脑袋担保！”

有没有本钱建工程，得算算家底有多少。即使被批评，坚持实事求是的杨贵也抵住了浮夸风中的瞎指挥。得幸于此，林县“粮草”是实打实的。县长李贵告诉杨贵：“县里有钱290多万元，公社生产队有储备粮3 000多万斤。”既有储备粮又有储备金，加上民工自备工具、自带干粮、自烧石灰等，杨贵有了动工的底气。

要启动“引漳

在悬崖峭壁上勘察测量，随时面临着危险（翻拍自红旗渠纪念馆）

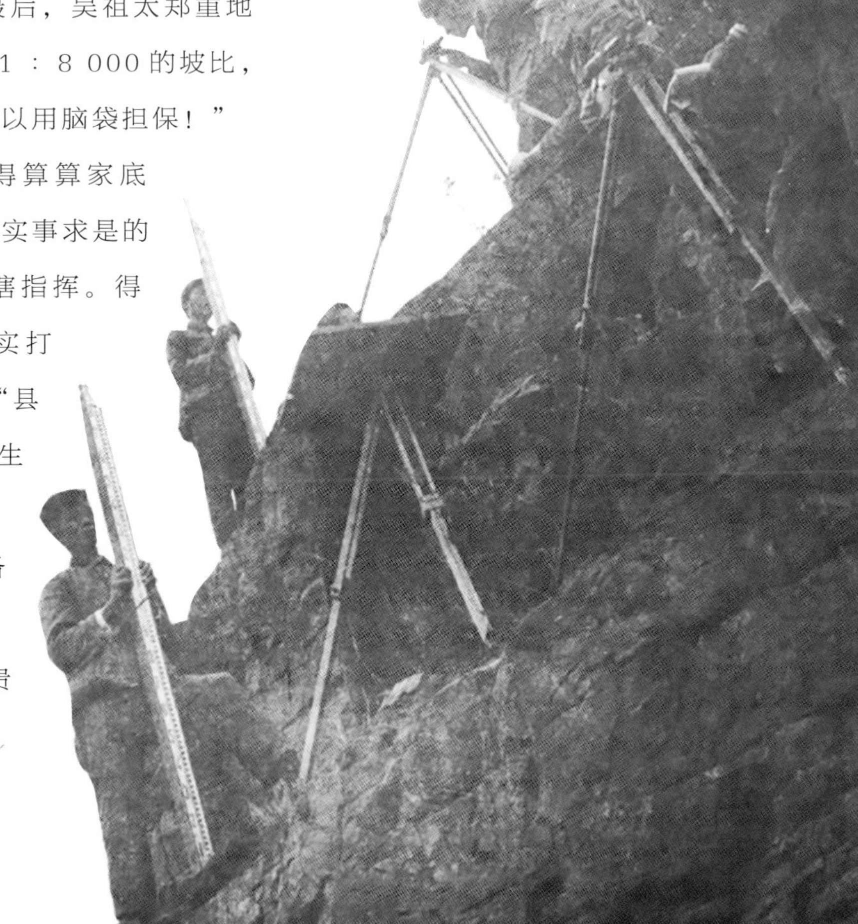

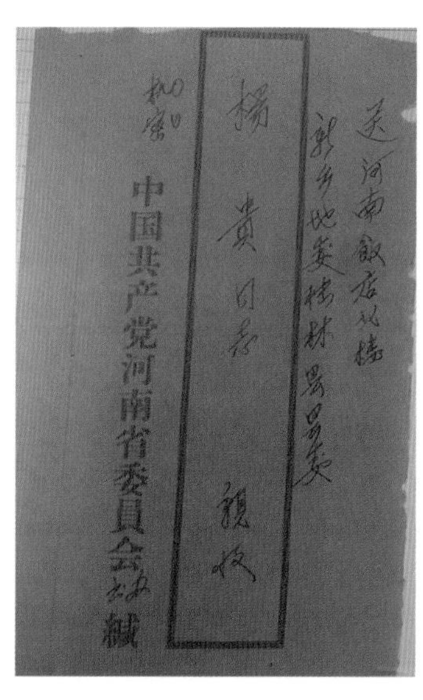

机密

送河南饭店
新乡地委杨林县县委

杨贵同志 亲收

中国共产党河南省委員会 缄

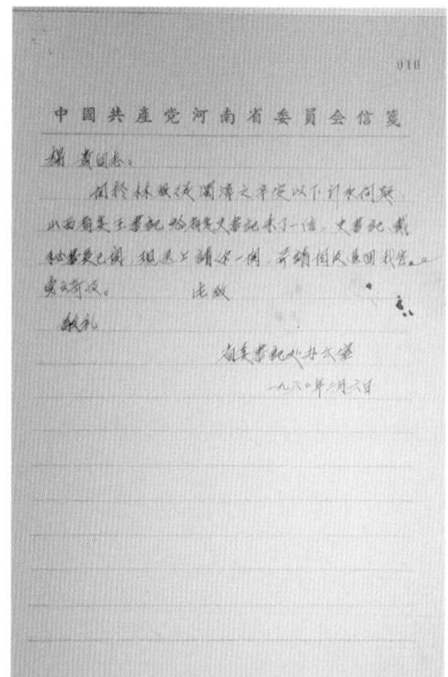

010

中國共產党河南省委員会信箋

杨贵同志：

关于林县从漳河之辛安以下引水问题，山西省委王书记给省委史书记来了一信，史书记、戴秘书长已阅，现送上请你一阅，并请阅后退回我室。

此致

敬礼

省委书记处办公室

一九六〇年二月六日

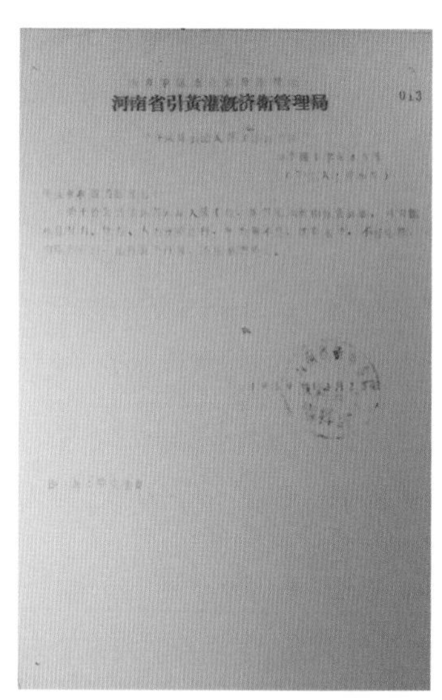

013

河南省引黄灌溉济衛管理局

入林”这项宏伟工程，不仅需要得到上级领导的允许，还需要得到山西省的支持。1959 年 9 月 22 日，在河南省委三级干部会议期间，杨贵向省委书记处书记史向生汇报了“引漳入林”的初步设想，得到史向生的支持。紧接着，林县县委以书信、口头汇报、文字报告等多种形式向地委、省委请示，上级很快予以批复。

1960 年新年伊始，杨贵给史向生写信，请求协商从山西省境内“引漳入林”工程问题。河南省委很重视这件事，不仅立刻致函山西省委，而且史向生还以个人名义分别给山西省委第一书记陶鲁笳和书记处书记王谦写了信。

原籍林县的全国劳动模范李顺达，一直关注着家乡的变化。得知缺水的林县将要启动“引漳入林”工程时，积极主动帮忙联系，促成山西省委尽早商议。

2 月 1 日，山西省委领导开会研究，2 月 3 日，山西省委回信表示支

中國共産黨林县委員会公用信箋

中共山西省委：

河南省林县系山区，水源很缺，农业生产和群众生活用水都很困难。现在林县要求在平顺县辛安附近修建引漳河水入林县的渠道，来解决这一问题，但是和平顺县修建电站有矛盾。我们意见：平顺县最好在引水渠道上修建发电站，或者由林县建的电站输送给一部分电力，解决这个问题。具体事宜，由林县王荣书同志前去汇报，请接洽。

此致

敬礼

中共河南省委

1960年元月27日

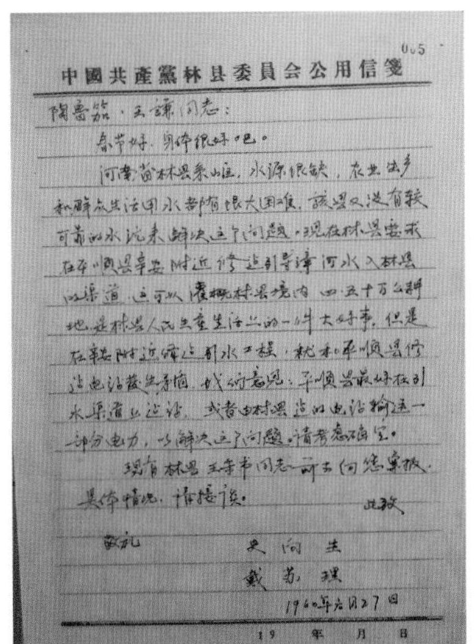

中國共産黨林县委員会公用信箋

陶鲁笳、王谦同志：

春节好，身体很好吧。

河南省林县系山区，水源很缺，农业生产和群众生活用水都有很大困难，该县又没有较可靠的水源来解决这个问题。现在林县要求在平顺县辛安附近修建引漳河水入林县的渠道，这可以灌溉林县境内四五十万亩耕地，是林县人民生产生活上的一件大好事。但是在辛安附近修建引水工程，就和平顺县修建电站发生矛盾。我们意见：平顺县最好在引水渠道上建站，或者由林县建的电站输送一部分电力，以解决这个问题。请考虑确定。

现有林县王等同志前去向您汇报具体情况，请接谈。

此致

敬礼

史向生

戴苏理

1960年元月27日

“引漳入林”工程得到河南省委的重视，山西省委也果断给予大力支持。时任河南省委书记处书记的史向生还以个人名义给山西省委第一书记陶鲁笳、书记处书记王谦写了信（翻拍自红旗渠干部学院展馆）

持林县在平顺县境内选定“引漳入林”的引水点。随后，杨贵派人到平顺县协商。平顺县干部群众说：平顺和林县，山连山，心连心，就差通水了，将来水通了，咱们喝的就是一河水了！

而后在修建过程中，杨贵和指挥部的主要领导十分注意搞好与水源地平顺县的关系，反复强调要坚决执行“三大纪律、八项注意”，尊重当地风俗习惯，爱护田苗，并给当地修路、建小型电站留出水口。

平顺县也从大局出发，积极配合林县工程建设。在施工过程中，遇到问题解决不了时，李顺达积极帮助协调了很多。在他的心中，能为红旗渠建成出一份力，就是给家乡的林县人民办了件好事。

多少年后，当年帮助杨贵协调解决引漳问题的山西省委原书记陶鲁笳，回忆起那段往事时，仍不禁感叹：原以为只是修条小渠解决吃水问题，哪知道竟然修了这么大一条“人工天河”！

中篇

血染渠魂
壮歌酣

红旗引领战太行

HONGQI YINLING
ZHAN TAIHANG

◎命运决战待出发
◎舍己救人震中原
◎战略调整盘阳会
◎身先士卒干在前

太行山一隅（拍摄／彭新生）

坚硬的石壁（拍摄 / 魏德忠）

党实现政治领导的过程，就是向人民群众说明党提出的政治任务、政治目标、政治方向，党制定的路线、方针、政策以及他们的长远利益和眼前利益关系的过程。

1959 年至 1961 年，国家经历了三年困难时期，遭遇了中华人民共和国成立以来第一场连续多年的严重灾害。干旱延续到 1962 年。在这样的情况下，“引漳入林”对林县人来说，无论从哪个角度看，都是一项庞大而又极其艰难的工程。刚刚步入 20 世纪 60 年代的中国，国家经济正面临着重重困境。林县这项声势浩大的工程，国家不可能给予充分的经济支持。小小的林县能否挑起这副沉甸甸的担子，是继续在干旱中苦熬下去，还是孤注一掷地与大自然苦战？一直在揪着林县县委领导们的心。

时间： 1960 年 2 月 11 日
计划： 第一批安排上渠 2.2 万人
实际： 第一天就上到了 3.7 万人

在如此坚硬的石头上凿渠，该是一个多么大胆的设想。林县人民有什么比石头还坚

险峻的陡壁（拍摄 / 魏德忠）

学习带来的喜悦（拍摄 / 魏德忠）

硬的工具？仅仅靠一双双肉手就想把山打通，这种可能性有多少？

毛泽东在《愚公移山》中曾用两个“觉悟”阐释党员的先锋作用。他说：“首先要使先锋队觉悟，下定决心，不怕牺牲，排除万难，去争取胜利。但这还不够，还必须使全国广大人民群众觉悟，甘心情愿和我们一起奋斗，去争取胜利。”① 林县县委就是通过党的委员会和 15 个党总支以及 320 个党支部，把工地上的 1 673 名共产党员组织起来，让党员先觉悟和认识，进而带领更多的群众形成强大的战斗力，成为修渠的骨干力量。

在党的领导下，英雄的林县人民在没有任何现代化工具的情况下，所具有的那种敢于“争取胜利”的气概实在难以想象。一部不朽的奋斗史诗，从此在这里拉开帷幕。那波澜壮阔的场面，那感天动地的故事，真是壮怀激烈且淋漓酣畅。

大年初一，李贵、李运保、周绍先、秦太生、路加林等县委领导和机关干部们聚在杨贵的办公室，围绕着“引漳入林”工程，讨论得热火朝天。杨贵出了个题目：总干渠全长 7 万多米，渠道宽 8 米，高 4.3 米，上 7 万人，每人承包 1 米，大家算算，这条渠什么时候能够建成？

“老百姓盖 5 间房，也不过个把月，一人挖 1 米，也就三四十个土方，两个月怎么也完工了。”秦太生和路加林最活跃，争着算这个账。

县长李贵是个老成持重的人，他琢磨了一会儿说：“如果每人 3 天挖 1 方土，100 天怎么也能完成。”

看着大家豪情满怀、摩拳擦掌的样子，杨贵何尝不想速战速决，早日把漳河水引进林县。他没有给大家泼冷水，只是说：“速战速决固然好，但也要有打持久战的思想准备。”

然而，他们迎来的不是百日通水的喜庆，而是以后总干渠 5 年零 2 个月的苦战！

---

① 毛泽东．毛泽东选集：第三卷 [M]. 北京：人民出版社，1991:1101-1104.

红旗渠图志 命运决战待出发

引漳入林动員令

林县引漳入林总指揮部向全县人民發出

本报消息　二月十號晚，林縣引漳入林總指揮部召開全縣廣播誓師大会，参加收听的干部群衆四十余万人。

引漳入林總指揮部政委、县委書記处書記李運保同志，代表總指揮部，向全县人民發出了引漳入林動員令。令文如下：

全县所有工农商学兵及全体战斗員和指战員同志們：

引漳入林是我县人民群众多年来梦寐以求的事情，在党中央、毛主席、省、地委的正确領导下，經过全县各級党委的多方面努力，这一理想很快就要变为現实了。伟大的划时代的引漳入林工程，定于明日（一九六零年二月十一日）正式开工。

引漳入林是彻底改变林县面貌的决战工程，这一工程建成将有二十至二十五个水的流量，象一条运河一样，滔滔地流入我县全境。从漳河的南岸，到淇河两岸，从太行山的半山間，到达东崗、河順、横水、采桑、东姚、鄔山区丘陵盆地，到处要成为清水遍地流，渠道網山头，使千年万代的旱地变为水田，无数荒山秃岭变为美丽的果园，沟沟有渔塘，山坡种稻田，一年可种两三季，农业产量翻上再加番。从山西到坟头岭，从坟头到合澗，从坟头到河順，来往行行都可乘船，从此龙王大权就掌握在人們的手里了。不仅用渠水浇地，还能用它发电。从坟头岭开始，沿渠都能建筑大大小小的水力发电站，共发电一万八千个瓩，有四千个瓩的电供全县所有农户照明，其于电力可以全部投入工农业生产，到那时，耕地、耙地、做飯、碾磨都将由电来代替人的劳力。

引漳入林是一桩很艰巨的工程，渠首将从山西省平順县侯壁村下段起，經过崔家拐、老神郊、青草凹、克亦、白楊坡入我县南平村，再經卢家拐、木家庄、盘阳、赵所、楊耳庄、所鑰、石界、白家庄越露水河，繞回山街。从西坡、南荒、桑耳庄、至坟头岭，全長九万余公尺，中間要經过几段悬崖峭壁，架設很多桥樑、鑽挖許多涵洞，这是第一期工程。以后这一渠道将在坟头岭一分数个支渠，蛛网全县各村，因而它是我县水利建設史上的最大工程。

举办这样大的工程，我們以具备了充足的条件，首先由党中央、毛主席英明正确的領导，有省委、地委的积极支持和鼓舞，县委已作了許許多多的工作，再加上中共山西省委和平順县各級党委的无私友誼的援助，更加堅定了全党和全体人民的胜利信心，奠定了不論在任何情况下不动摇、不畏縮、勇往直前的思想基礎。引漳入林是全县群众的迫切要求，一九五二年党即向群众提出要領导开办这一工程，因此在群众思想上影响很深，酝酿也非常成熟。现在开工，群众无不欢迎，人人都以作好了一切准备，个个摩拳擦掌，从很久等到今春，早已盼望有这样一日，只要一声号令，成千上万的英雄健将就会如潮如涌的奔上工地，任何力量都压抑不住群众这种凌云壮志。經过一九五八年和一九五九年继續大跃进，大搞群众运动、大办水利，各級領导和群众积累了丰富的水利建設經驗，培养了无数的技术人材，树立了敢想敢干的共产主义风格，再加上我县人民自古以来勤劳勇敢，志气高昂，与行山作对早已成为每个人的得手戏，现在进行北水南調，什么万丈悬崖、什么架桥鑽洞，再险要再复杂的工程也吓不倒我們的水利英雄。經过反右傾、鼓干劲，社会主义总路綫再教育，干部和群众觉悟空前提高，我为人人、人人为我的大协作风尚更加树立，叫到那里就到那里，叫干什么就干什么，已成为每个普通群众的政治品德，因而百战百胜、所向无敌。有总路綫、大跃进、人民公社三大法宝，不仅在政治上有了保証，而且在經济上有了雄厚的物質基礎，只要我們依靠群众、依靠人民公社集体經济制度的优越性，再加上虚心学习外地先进經驗，漳河水一定会服服貼貼的听人呼喚与使用。

引漳入林动员令（提供 / 周锐常）

林县县委在做出“引漳入林”的正确决策后，始终将宣传群众、发动群众、组织群众作为重点工作，将党的正确主张变为群众的自觉行动，将县委的正确决策转化为群众共同奋斗的美好愿景，让人民群众在实践中实现自己的根本利益。

1960 年 2 月 10 日，林县召开广播誓师大会。县委书记处书记李运保代表“引漳入林”总指挥部，通过一条银线，向全县人民宣读了《引漳入林动员令》。

《引漳入林动员令》用生动形象的语言，描绘了“引漳入林”工程完成后的美好愿景：清水遍地流，渠道网山头，旱地变水田，荒山变果园，沟沟有鱼塘，山坡种稻田，一年两三季，产量翻上番，来往可乘船，还能再发电，人们掌握龙王权。还条分缕析地摆明了修建“引漳入林”工程的 5 个有利条件，并提出了相应的要求。县委号召全县人民“为了党的事业，为了子孙万代的幸福，为了彻底改变

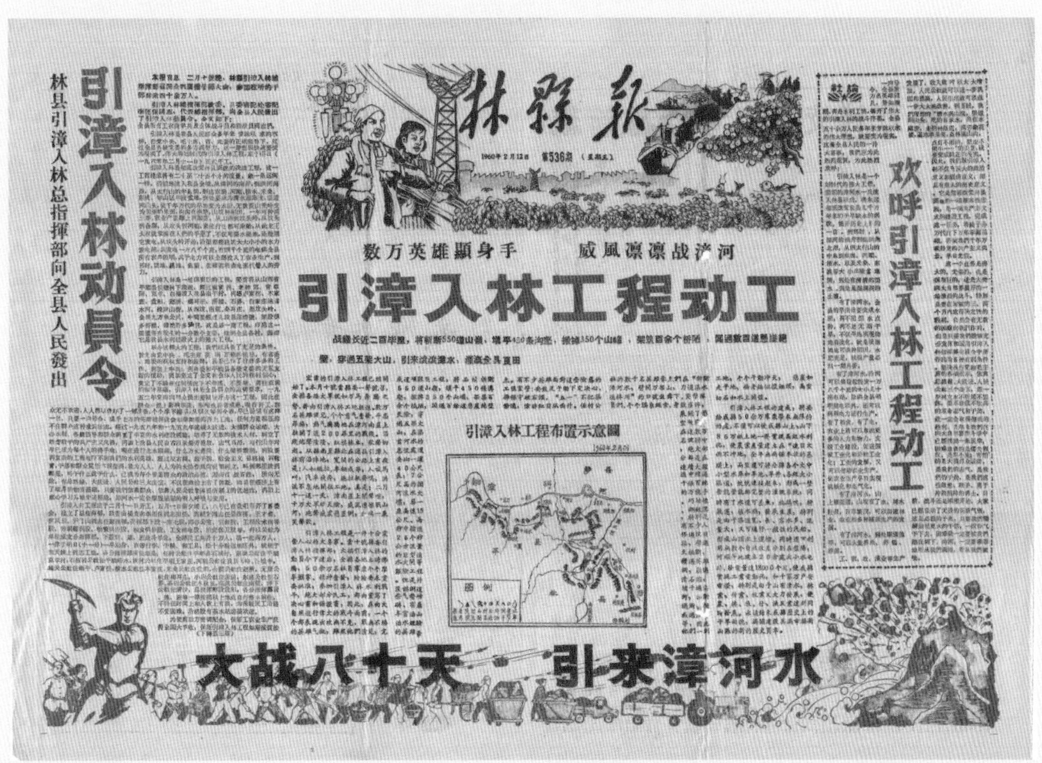
林縣報

1960年2月12日 第536期

引漳入林动員令

林县引漳入林总指揮部向全县人民發出

数万英雄顯身手　威風凛凛战漳河

引漳入林工程动工

引漳入林工程布置示意圖

欢呼引漳入林工程动工

大战八十天 引来漳河水

1960年2月12日，《林县报》做了专题报道。一部不朽的奋斗史诗，从此拉开帷幕（提供/周锐常）

林县面貌，发扬我们光荣传统而勇往直前地战斗”。最后，他郑重宣告：“‘引漳入林’工程定于1960年2月11日正式开工！”

这注定是一个热血沸腾的夜晚，一个群情激昂的夜晚，一个令人终生难忘的夜晚。当一幅诗情画意般的美丽蓝图，向饱受干旱缺水之苦的林县人民展开的时候，沉睡的群山终于被时代的呼唤叫醒了，让太行山低头的激情使林县大地沸腾了。动员大会刚结束，离县城20公里的采桑公社先遣队就来到了会场门口。一张张决心书、一份份誓言都在表达一个共同的意愿：宁愿苦干，不愿苦熬！

1960年2月11日，正值农历

狭窄的山道，一面是峭壁，一面是深渊，人与车往返，十分危险（提供 / 周锐常）

正月十五。太行山就这样在开山的炮声中开始了自己的春天。一缕霞光在天际泛起时，以县委领导为先导的数万名修渠大军从各自村庄出发。他们扛着简单的工具，背着行李，推着锅灶，组成一支浩荡的队伍，顶着寒风，踏着霜冻，迎着朝阳，雄赳赳、气昂昂地向太行山进军！一场“重新安排

意气风发的修渠民工们（提供／周锐常）

修渠民工自备工具，自带行李，意气风发地向太行山深处前进（拍摄 / 魏德忠）

走在太行山陡峭山路上的修渠民工（提供/周锐常）

林县河山”的战役在巍巍太行百里山麓打响了。原安排第一批上渠 2.2 万人，结果第一天就上到了 3.7 万人。党的政治领导下的科学决策和引领作用有了突出展现。

林县人民已将山的性格注入血液，那就是顽强坚持，那就是死地求活、绝地求生。面对一个连水都没有的地方，不妥协，不畏惧，准备以血肉之躯去奋斗、去创造。有谁又能想

数以万计的人们用独轮车把水泥、石料源源不断地送往工地（拍摄 / 魏德忠）

从峭壁上模糊的渠线标识到蜿蜒太行山上的“人工天河”，林县人付出了难以想象的艰辛劳动和巨大牺牲（提供／周锐常）

车辆在极为危险的山道上行驶（翻拍自红旗渠纪念馆）

到，正是这群缺油少盐、以野菜充饥、食不果腹的人，凿壁穿山，开山建渠，重造了河山。10年后，这座由林县人民悬挂在绝壁上的红旗渠，为中国版图又增添了一条代表河流水道的绿线。这水道，不是造物主的恩赐，所以被称为“人工天河”。可又有谁能够想到，它竟流出太行，流出中国，流向世界。

如果用千里、万里形容距离宽广

杨贵和县委领导身先士卒，与民工们一起抬石运料（提供／李红）

和壮举伟大的话，可以说，当年红军是用脚走出来的万里长征；林县人民则是用手凿出来的千里红旗渠。虽然年代不同，但都是史无前例，都是在环境极其恶劣、物质极其匮乏，在近乎不可能的情况下完成的。从中可以找到蕴藏的共同点，那就是都可称为奇迹，因为实现奇迹的人，都同样具备崇高、百折不挠的精神品质。

舍己救人震中原

修渠先统一思想，在建设红旗渠的过程中，中共林县县委不断加强思想政治工作。通过在全县开展解放思想大讨论，把广大党员干部的思想和行动统一到“引漳入林”的决策部署上，把智慧和力量凝聚到实现县委、县政府确定的目标任务上，以饱满的工作热情和昂扬的精神状态，奋力推

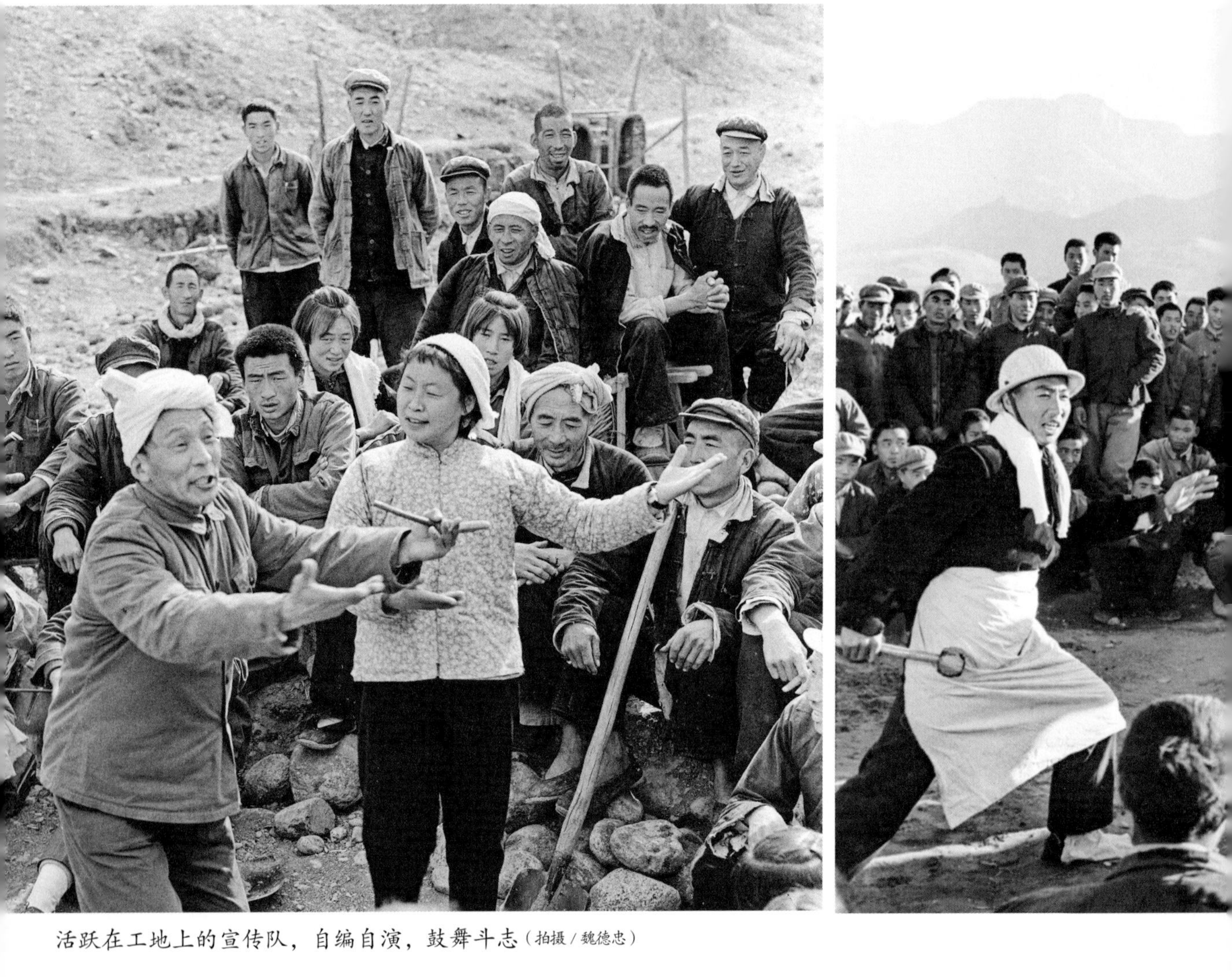

活跃在工地上的宣传队，自编自演，鼓舞斗志（拍摄／魏德忠）

进红旗渠工程建设。为使广大干部群众能够长期保持旺盛的干劲，争做战天斗地的闯将，工地党委以工段驻地为单位，不仅组织大家学习《为人民服务》《纪念白求恩》《愚公移山》等毛泽东著作，还把民工的学习心得和豪言壮语贴在工地的悬崖峭壁上，鼓舞斗志。民工们成立了以英烈名字

工地宣传员（拍摄 / 魏德忠）

命名的“刘胡兰突击队”“孙占元突击队”等，奋战在修渠一线；工地上还成立了 143 个宣传队，办墙报、黑板报，并创作演出了一大批体现修渠事迹的短剧、快板等文化作品，激励民工的干劲。

喊破嗓子不如做出样子，榜样是最好的引领，典型是最好的说服。林县县委始终把选树典型、宣传典型当作鼓舞士气、调动群众积极性的重要工作来抓。

修渠之路并非一帆风顺。修渠

有了问题可以在毛主席著作中找到解决办法（拍摄 / 魏德忠）

工地上的“铁姑娘”不但和男同志一样干活，而且还展开擂台赛，一比高下（提供 / 周锐常）

的民工放下工具，其实都是朴朴实实的农民，他们有的是一把气力，但缺乏的是专业施工技术和安全教育。1960 年的 2 月 18 日上午，姚村公社第一营妇女营长李改云在检查本营施工情况时，突然发现悬崖壁有大量的碎石、土块滚落，而崖下几十名民工还在紧张施工，一场严重的工程事故眼看就要发生。

李改云急忙指挥崖下民工紧急撤出险境，但仅有 16 岁的郭焕珍却吓坏了，站在原地一动不动。在沙石滚落的千钧一发，李改云一个箭步冲过去，推开了年轻的姑娘。

小姑娘得救了，李改云自己却随着沙石掉下了十几米深的悬崖。多年以后，李改云还清晰地记得，当人们把她挖出来时，她的手臂还保持着

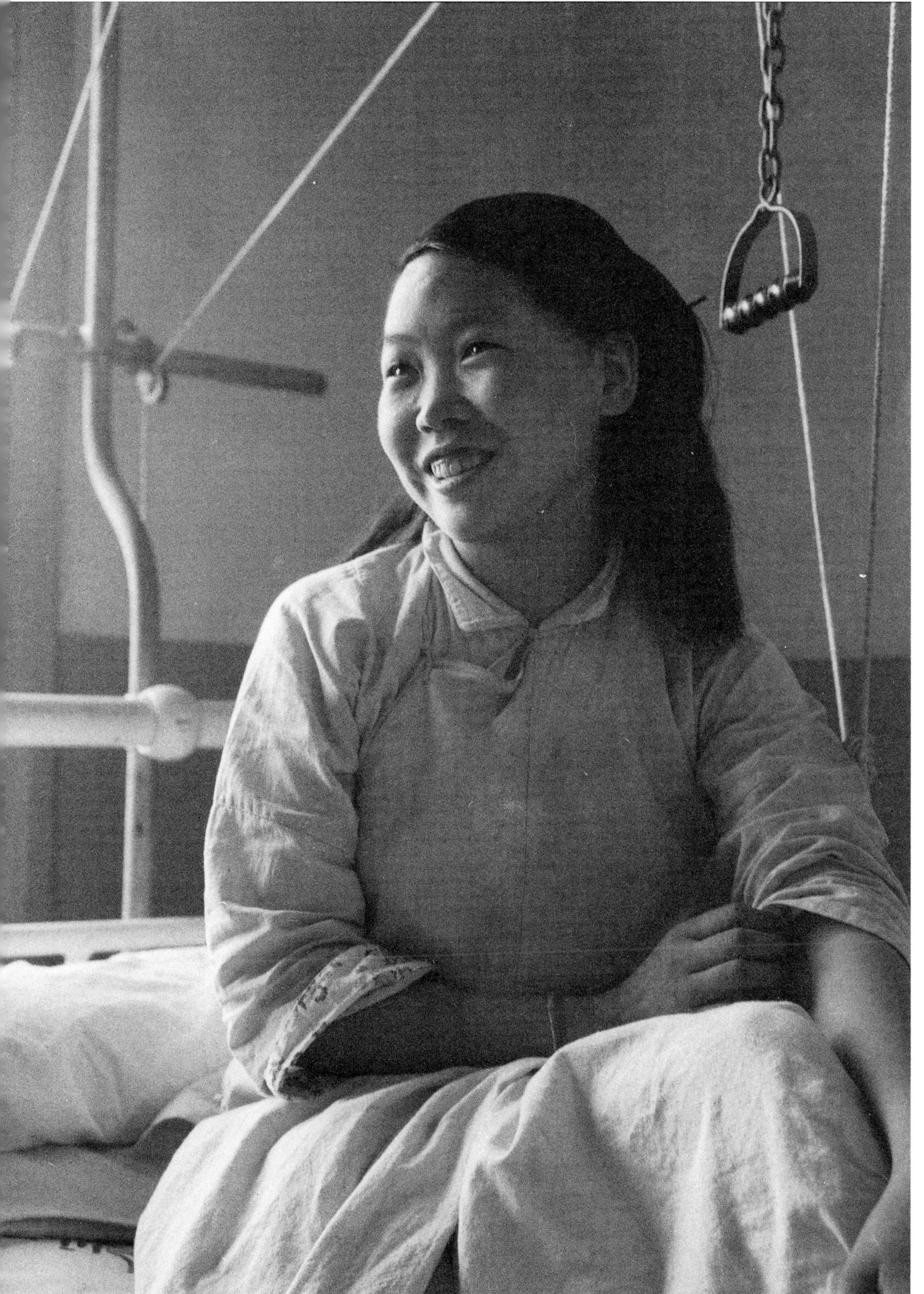

治疗中的李改云（拍摄 / 魏德忠）

“推”的姿势，这是善良的品质在脑海中留下的印记。没有利害的权衡，也没有得失的计较，更来不及对生死的思虑。有的，只是一种厚道的朴实。善良的本能，往往如此简单，在最需要帮助的一刹那，只需伸出自己的手。

当杨贵得知李改云需要截肢的消息时，他斩钉截铁地说：“不能让我们的英雄流血又流泪。”河南省委甚至动用了直升机，将李改云送到郑州救治。经过医护人员的全力抢救，李改云的性命保住了，但她的右腿却落下终身残疾。

一年后，拄着双拐的李改云回到工地，心情激动不已。工地的民工已不是一年前的那些人，但李改云的名字在整个林县已是无人不晓。这一年，《河南日报》以“党的优秀女儿李改云”为题，配发“平凡而灿烂的形象”的评论，学习英雄李改云的热潮在整个“引漳入林”工地兴

修渠女民工的运石队伍（翻拍自红旗渠纪念馆）

李改云学习小组（提供／周锐常）

起。李改云那一“推”，不仅是救了一个人，更是把人性中最可贵的善良推向了一个高度。

距红旗渠渠首7 300米处，有一座为方便山里人进出的“改云桥”，就是当年为弘扬李改云舍己救人事迹而命名的。英雄的壮举虽已过去，但善良的品德，人们却永远不会忘记，“一个人能力有大小，但只要有这点精神，就是一个高尚的人，一个纯粹的人，一个有道德的人，一个脱离了低级趣味的人，一个有益于人民的人”。①

---

① 毛泽东．毛泽东选集：第二卷[M]．北京：人民出版社，1991:660.

战略调整盘阳会

林县人民带着盼水的急切和劈开大山的决心，在太行山百里山麓上摆开了战场，锤声当当，炮声阵阵，山河在他们的手中真的要重新安排。

作为一项跨村落、跨县域、跨省界的大型水利工程，不仅需要动员、组织、管理数万乃至于十几万的劳动大军，还需要协调好省内省外的各方资源和力量。林县县委在对修渠民工的动员、组织、管理上，在协调前方与后方、渠上与渠下的关系方面，表现出了很强的统筹协调能力，构建了以红旗渠总指挥部、红旗渠总指挥部工作部门、工地党委、红旗渠后勤指挥部、各公社分指挥部、工地团委为基本要素的组织架构。对修渠民工实行半军事化管理体制，即组织军事化、行动战斗化、生活集体化。

县委领导在工地（翻拍自红旗渠纪念馆）

一根绳索腰间系，悬在半空凿炮眼（拍摄 / 魏德忠）

但由于缺少经验，仅仅干了 20 天，意料之外的问题开始显现：工程量大，战线拉得太长；通往工地的道路一面是陡崖，另一面是峭壁，中间只有四五米宽，道路拥挤不畅；修渠人员多，分布难调，忙碌中出现混乱；领导和技术力量不足，顾此失彼；前方呼喊人手不够、工具缺乏，后方干着急上不去；工程技术人员在百里渠线上来回奔波，很多技术难题不能及时解决；民工们看不懂图纸，不是挖错渠线，就是把渠底当成渠线崩了；满山打眼放炮，炸得到处都是“鸡窝坑”；工程进展缓慢，领导指挥难以及时和统一；思想政治工作不到位，少数人对“引漳入林”工程认识不足，产生怀疑。

杨贵在郑州参加完四级干部会议，急急赶回修渠工地。他和总指挥周绍先、技术员吴祖太一起用了 3 天时间，沿着渠线从坟头岭一直走到渠首，边走边查看每一处工地，边走边了解施工和生活中的具体情况。他认为这都是“四个跟不上”带来的乱象，即领导指挥跟不上，技术指导跟不上，物资供应跟不上，后方支援跟不上。这时，杨贵也感觉到，当初的计划不符合实际，这样干下去不仅工程难保质量，通水也会遥遥无期。

被林县人称为“遵义会议”的著名的盘阳会议（翻拍自红旗渠纪念馆）

火热的劳动场面（拍摄／魏德忠）

盘阳村是漳河边上的一个古村，历史悠久，古时曾是“鸡鸣闻三省”的商贸重镇（《水经注》对其历史有过记载），工程总指挥部就设在这里。

1960年3月6日至10日，林县县委在盘阳村召开了具有战略和历史意义的“盘阳会议”，从成堆的问题中，抓住主要矛盾，找出解决问题的根本办法。这次会议及时调整了整体工程部署和战略布局，采取集中力量打歼灭战的办法，改变全线出击的被动局面，实行“领导、劳力、物资、技术”四集中，调整总干渠全线铺开的施工方法。为缩短战线，把整个总干渠的工程分为4期，即“干一段，成一段，通水一段”，以水促渠，让群众看到成绩，看到希望，增强胜利的信心。第一期首先集中拿下20多公里的山西段，缩短在山西施工的时间，减少给当地群众带来的麻烦；同时，号召大家发扬愚公移山的精神，做好长期作战的准备。这次会议重新调整了战略，统一了思想。故此，这次会议被林县人称为他们的“遵义会议”。

在这次会议上，杨贵还提议，将“引漳入林”工程命名为“红旗渠”，表示高举红旗前进，不把漳河水引来绝不收兵的决心。后来红旗渠的实践证明：盘阳会议做出的战略决策，对整个红旗渠工程建设有着决定命运的作用。

20世纪80年代初期，已任国务院“三西”贫困地区农业建设领导小组办公室主任的杨贵，到甘肃省定西考察时，看到当初与红旗渠几乎是同时动工的陇中洮河大渠，就因为全线开工，不久下马，只留下几百里坑洼。干部群众一说这个，就对当年修渠之事怨声载道。杨贵感慨地说：“盘阳会议的战略调整，真是决定红旗渠命运的关键啊！如果当时不下决心分段施工，红旗渠能否建成，后果不堪设想啊！”

身先士卒干在前

走在战太行队伍前面的这个年轻人就是杨贵。神情凝重的县委书记率领县委一班人和几万林县儿女沿坡而上，迎难而进。他深知此行的重任，是要用党的旗帜指引全县群众克服各种意想不到的困难，去战天斗地、改天换地、重整河山，和全县人民同甘苦、共命运，去完成党的初心和使命。

为百姓办实事，为人民谋利益。世界上没有一个政党能像中国共产党这样，从诞生开始就把“为了人民”镌刻在自己的旗帜上。

杨贵和他领导的县委是为了人民的利益在引领、在奋斗。他们清楚：对人民负责，就是对党的事业负责；捍卫人民的利益，就是捍卫党的利益。所以，他们不仅要具有高超的组织和指挥能力，同时还要具备身先士卒的先锋作用和凝聚能力。

他们就是在用自己的实际行动，解民忧，为民累，以百姓之心为心，以百姓之命为命。他们就是用自己的一言一行、一举一动、一心一意、一钎一锤，凝聚了力量，承担了责任，得到了拥护，收获了民心。他们身上所体现出来的忠诚、勇敢、奋斗和奉献精神，形成了一股坚不可摧的强大力量，这就是党的力

明知山有虎，偏向虎山行。走在队伍前面的县委领导们（拍摄 / 魏德忠）

领导的力量（翻拍自红旗渠纪念馆）

量、先锋的力量。这也让苦苦挣扎在贫困线上的林县人民群众看到了希望，进而信心倍增、干劲十足，愿意听党指挥，愿意吃苦受累，愿意为改变家乡干旱缺水的历史去建功立业。

伴随那个崇尚英雄的年代，那一段故事已成为历史。但他们的先锋作用和奋斗精神也许就是那段难忘岁月永久的标志和记忆。

杨贵在工地上（拍摄 / 魏德忠）

十大工程之

渠首拦河坝

SHI DA GONGCHENG ZHI
QU SHOU LANHEBA

◎群英筑坝拦漳河

◎降服魔段石子山

◎强攻险阻红石崭

◎英雄血祭太行山

◎勠力大战鸧鹕崖

◎铁打硬汉舍生死

◎率先垂范树榜样

渠首拦河坝（拍摄／李俊生）

渠首拦河坝（提供 / 周锐常）

林县县委在红旗渠修建过程中，始终把干部群众的思想政治工作放在重要位置，宣传贯彻党的社会主义建设总路线，始终坚持思想政治工作不放松。

“引漳入林”是一项前所未有的事业。在当时的物质基础和技术条件下，是一项难以想象的艰巨工程。如何让这一宏大设想得到群众的认可和支持，并调动起群众投身其中的积极性，把党的主张变为群众的自觉行动，是对林县党组织思想领导能力的一个大挑战。在红旗渠的修建过程中，始终贯穿了党的思想领导。林县党组织通过过硬的思想政治工作，不断加强思想领导，统一了全县干部群众对修渠的认识，把大家的智慧和力量，凝聚到这一伟大的事业上来；鼓足干劲，不惧牺牲，攻坚克难，始终保持了旺盛的自立自强、艰苦创业、团结奉献的精气神，最终完成了林县人民祖祖辈辈期盼水的梦想。

承建：任村公社

时间：1960 年 2 月—5 月 1 日

地点：现山西省平顺县侯壁断下约 600 米处

悬崖之上，不顾危险，依旧忙碌（提供 / 周锐常）

红旗渠图志 群英筑坝拦漳河

侯壁断，红旗渠渠源引水点就确定在这里。漳河素有“九峡十八断”之说，河水从侯壁断猛跌下来，在峡谷中奔腾呼号，向着下游滚滚而去。在这里，要让这狂肆的河水流到岸边太行山的渠道里，是修建红旗渠至关重要的第一步。

拦腰斩断漳河，把水位提高到需要的高度，还要保持水流足够的势能。按照设计方案，需要在侯壁断下面600米处的浊漳河上筑起一道石坝，使漳河水能沿着预定的引水线路流进引水涵洞，这是整个红旗渠工程的开端，也是整个工程的枢纽。任村公社承担了修筑拦河坝这项艰巨的任务。工程要求必须在汛期到来之前完成，因为汛期一到，就再无法进行截流作业。

浩荡的运石大军（翻拍自红旗渠纪念馆）

采石、运石为截流（提供 / 周锐常）

民工营长董桃周在河边来来回回走了几圈，他和老工匠们商量来商量去，决定先从两岸浅水处着手，最后集中力量截断中间的“龙口”。办法看似简单，但难度很大。正月里的河水冰冷刺骨，截流筑坝却连钢筋混凝土都没有，但太行山上有的是石头。为了截流，需要先上高山采石，然后踩着羊肠小道扛下来。为了筑坝，女民工和男民工一样背石头。范巧竹一个月穿破了 4 双鞋，磨破了 6 副垫肩。经过一个多月的艰苦攻坚，大石料摆满河床两侧，沙包、草袋、巨石，像小山一样堆在岸边，封堵“龙口”的准备工作就绪。主河道中间的“龙口”有 10 米宽。人们捋臂揎拳、跃跃欲试，

日以继夜忙碌的民工们（提供 / 周锐常）

准备拦堵，成败在此一举！

好似脱缰野马的漳河水从“龙口”横冲直撞地奔涌而过，把投下的成百上千斤的巨石、沙包一下子就冲了个精光，第一次截流失败了。领教了漳河水厉害的任村人立刻思考对策。董桃周望着奔流的漳河水，想出了一个好主意：在两岸打上木桩，木桩中间系上铁丝，然后再堆放沙包，这样就能把“龙口”堵住。大家觉得这个方法很好，立即动手准备。

一根根木桩打进河底，一条条铁丝拦在中间，一袋袋沙包投了下去，漳河水被控制住了。但很快又翻滚咆哮，聚集的威力更加凶猛，疯狂冲击着阻挡着的木桩、沙包。很快，木桩歪了，铁丝松了，沙包冲走了。嚣张的漳河水又一次在修渠民工面前炫耀它的威风。所有的人都急了。

这时，杨贵和总指挥部、分指挥部的领导们都来到这里。大家明白，这是“引漳入林”的第一仗，它的成败直接关系着整个工程的接续。怎么办？有人提出用人墙截流的办法。但杨贵和其他领导考虑到眼下漳河峡谷冰雪未消，河水寒气逼人，担心民工身体会受不了，所以不赞成这个办法。感受到领导的担心和关怀，任村大队施工连连长张立方和以党、团员为骨干的突击队员们

更加坚定，他们请求背水一战。他们说：头可断，血可流，不完成任务不罢休！这漳河就是一座刀山、一片火海，也要闯！

指挥部的领导们被感动了。他们让人在岸边燃起篝火，医务人员做好救护准备，又找来几瓶烧酒。40名突击队员个个精神抖擞，随着指挥部领导一声令下，纵身跳进滚滚的急流中，他们肩并着肩，手挽着手，在河道中央筑成了一道人墙。冰冷的河水一浪接着一浪冲向人墙，巨大的力量把他们冲得东倒西歪。

见此情形，岸上的领导和民工纷纷跳进河中，筑成了第二道人墙、第三道人墙……一根根木桩打下去，一包包沙袋、一筐筐石渣同时投入激流中，在人墙下垒起一块块巨石，再压上沙袋，填上石渣，反反复复，截流终于成功。

共产党员的先锋模范作用引导和感召着这群甚至不认得“截流”二字的朴实淳厚的山民。在工地上，哪里有危险，哪里就有共产党员；哪里有困难，哪里就有党员干部；哪里任务艰巨，跑在最前面的就一定是党组织的负责人，他们用血肉之躯挡住了汹涌湍流。在他们身后，一座底宽

二月的河水冰冷刺骨，但也没能阻挡民工们拦住漳河的决心（提供 / 周锐常）

修渠民工在冰冷的河水中施工（提供／周锐常）

13.46 米、顶宽 2 米、高 3.5 米、长 95 米的拦河大坝徐徐筑起。

这坚不可摧的人墙，就是重塑山河的基石，这是人民伟大信念和意志的胜利。漳河水终于按照林县人的想法，流进红旗渠引水隧洞。

红旗渠渠源及渠首拦河坝是由拦河溢流坝、引水隧洞、引水渠、进水闸、泄洪冲沙闸联合组成的渠道引水枢纽。

拦河溢流坝横跨河床，长95米，最大坝高3.5米，底宽13.46米，顶宽2米。为确保安全，嵌入基岩下0.3—0.4米，水泥浆砌、石英岩石重力坝结构。砌石1 804立方米，投工1.28万个，用款2.5万元。渠源引水隧洞上口位于溢流坝以上18米处的浊漳河右岸，长105米，洞后经55米的明渠至进水闸。进水闸共3孔，单孔宽2米，设计流量25立方米/秒。冲沙闸在进水闸上游左侧，共2孔，单孔宽2米；该闸底低于进水闸底1米，闸上游做成坡比约1/20的陡坡导沙廊道，同时在进水闸前设立与渠道水流方向呈30度夹角的直墙导沙槛，防沙入渠，退水冲沙流入浊漳河；当河水流速小于25立方米/秒时，可将河水全部引入总干渠；发洪水时，除总干渠引水外，其余分别由溢流坝和冲沙闸泄入坝下游。

降服魔段石子山

就在任村公社鏖战渠首拦河坝时，东岗公社的修渠民工正在石子山上奋战。石子山是红旗渠总干渠通过的又一个险段，这座山是经漳河千百年冲积的鹅卵石堆积形成的。山上缺林少草，别处微风轻吹，这里就狂风大作。因山势险峻陡峭，石质松动，山坡上的大小石块有时会像冰雹一样往下滚。人要上山十分艰难。当地流传着一首民谣："石子山鬼门关，腰系白云峰触天；禽鸟飞过不下落，猴子远离不夜攀。大风呼上绕山转，飞沙走石往下翻，风沙弥漫漳河岸，尘烟滚滚把路拦，吼声震得山谷响，登

石子山工地（翻拍自红旗渠纪念馆）

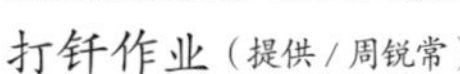

打钎作业（提供／周锐常）

部分修渠工具（拍摄／周锐常）

山更比上天难。”这是连脚踏平踩的地方都没有的险山，若是滑下悬崖，连尸首都不能保证完整。

用毛泽东思想武装的林县人民在党的领导下，以无私无畏的精神告诉世人：“中国人连死都不怕，还怕困难吗！”它怎么能阻挡总干渠从石子山

悬崖上的炮眼十分难凿（提供 / 周锐常）

民工们自行研发架设的空中运输线（提供 / 周锐常）

的山腰穿过？！修渠民工把鸡蛋粗的大绳捆在腰上，每天一步一步地纵崖下挪，抡锤打钎。苦战 10 个昼夜，终于打出了一个直径 3.5 米、深 18 米、又往下直拐 6 米深的大炮眼，填装 2 125 公斤炸药、268 个雷管，崩塌了半架山。沙石如雨后山洪，倾泻三天三夜也没有停止。为了加快施工

一炮崩塌半架山（翻拍自红旗渠纪念馆）

进度，在山腰和河滩之间，修渠民工又想办法架起了空中运输线来运输料石、灰斗等，加快了修筑渠道的速度。

林县人民“鬼门关”敢越，“石子山”能降，无论什么艰难险阻都阻挡不了前进的脚步。

征服了艰险石子山，红旗渠继续向前延伸着。

忙碌在总干渠工地的民工们（拍摄/魏德忠）

强攻险阻红石崭

在石子山的东面，又一座险山阻拦修渠大军前进的脚步，这就是红石崭。它长187米、高160多米，越往上就越向外倾斜。地质结构复杂，上面是坚硬的石英岩，下面是易碎的风化层页岩。渠道要从红石崭的下半截通过，就面临着下方施工，风化层页岩承受不了上部压力的难题。

指挥部修改凿洞的方案，改成中间掏心、沿山修明洞的方案。但施工几天后发现崖上的裂缝变宽了，这意味着山体在发生变化，十分危险。只有一个办法，从山顶劈下来，搬掉红石崭，从渠底往上到红石崭山顶，需要劈下90多米高的石崭，这可不是一两个大炮就能解决的问题。几经计算、研究，最终决定采用“连环炮”强攻。

东岗公社分指挥部抽调70多名青壮民工，分两班倒，昼夜不停地打出了12个大炮口。用绳索吊在半空中，在坚硬的石英岩上打炮眼，难度可想而知。有时钢钎竟被打折了，6名铁匠围着两个烘炉团团转，才勉强供应上铁钎的需求。为了减少铁钎磨损，修渠民工把铁钎沾着水打，先打一个小眼，然后装火药炸成大洞。最后打出来的12个大炮口，直径达1米多、深13米，每个炮眼装火药1 000多公斤，分布成一排，同时点燃，同时爆破，半个山头应声而倒。接着，又打了44个炮眼……

同样的爆破方法，终于攻克这一道险阻，使红旗渠顺利地通过红石崭的峭壁悬崖。

修渠民工正是在这陡峭、几乎无立足之地的悬崖上打炮眼（提供 / 周锐常）

红旗渠图志 英雄血祭太行山

随着炮声与锤子、铁钎声的催促，工程向前一步步迈进。在修渠大军中有一个有着特殊责任和使命的水利技术员，他就是吴祖太。

当县委书记杨贵把“引漳入林”的设计重任交给他时，也就是把全县百姓的信任和期盼交给了他。对于一个有志向的年轻水利工作者来说，这份沉甸的信任与真切的期盼承载得太多了。这不仅是一个能让他热血沸腾的任务，更是为自己的人生目标找到了最佳支点。同时，吴祖太知道，自己手里拿起的不仅是一项工程的测绘设计工作，更是林县百姓心中的天地、生死、未来和希望。在这个大山深处，吴祖太立下誓言，要把自己的知识献给需要他的人民。

吴祖太担任红旗渠总指挥部工程技术股副股长。为了工程任务，他几次推迟婚期。他废寝忘食地研究、精心设计，先后解决了渠首拦河坝、青年洞、空心坝等设计难题。当他拍着胸脯把手绘的第一本施工蓝图《林县引漳入林干渠工程初步施工安排》交给杨贵时，他知道，他是在用自己的命担保林县的未来。

1960 年 3 月，工程修到王家庄村。渠线需要从王家庄村下方打隧洞通过。王家庄村附近因泥石流发生过山体滑坡，如再在村下凿洞修渠，水常年川流不息从村下流过，当地群众顾忌重重，害怕再发生泥石流和滑坡灾害。吴祖太早就考虑到这个问

王家庄村泄洪闸（拍摄 / 魏德忠）

王家庄村双孔安全洞，吴祖太、李茂德牺牲地（提供/周锐常）

题，将原隧洞单孔“口子洞”改成了双孔“鼻子洞”。这样的设计缩小了隧洞跨度和断面，能确保隧洞坚固，也能保证王家庄村的安全。另外，吴祖太还在王家庄村西的渠道设计了泄水闸，遇到紧急情况，还可以将渠水

正在施工的修渠民工（拍摄／魏德忠）

排入漳河。施工中，为了确保施工安全，吴祖太经常进洞检查。

1960 年 3 月 28 日傍晚，吴祖太正在吃饭，有民工反映隧道洞壁上有裂缝。听罢，吴祖太当即撂下饭碗，就要去实地检查。

“天黑了，明天再去吧。”有人劝阻道。

“不能让民工在有安全隐患的地方施工，我去看看什么情况。”吴祖太很坚持。

卫生院的李茂德不放心他一个人，就跟着一起进入施工中的隧洞查看，不幸二人以身殉国，他们被塌方夺去了宝贵的生命。民工们立即展开救援，当把他们抬出来时，两人都已血肉模糊。牺牲时，吴祖太年仅 27 岁，李茂德 46 岁。

吴祖太是第一个为红旗渠献身的外地人。噩耗传来，杨贵非常痛心地流下了眼泪，心情久久不能平静。他立即成立县委治丧委员会，召开追悼大会，大家一起悼念这位为红旗渠建设做出巨大贡献的水利工程技术人员，还有为了工地民工健康一直坚持工作的李茂德。

林县干部在处理李茂德的后事时，惊讶地发现，他早就将自己的身后事安排得妥妥当当。可见，他们早就做

当年的测量工具（翻拍自红旗渠纪念馆）

吴祖太（提供／周锐常）

李茂德（提供／周锐常）

好了准备，既然奋斗在红旗渠工地上，就随时会有牺牲。

水利局干部刘合锁是吴祖太的生前好友，组织上委派他和姚村分指挥部指挥长郭百锁负责把吴祖太的遗体送回原阳县老家。当刘合锁走到村头时，远远看见吴祖太的父母早早地等在那里。他们急忙走上前去，没等开口，只听老人家说道："谁说俺孩儿没回来！你们看这不是俺孩儿吗！"听到这里，刘合锁"扑通"一声跪到老人面前说："娘，我就是您的亲儿

看绕山的渠道，感受当年的艰辛（拍摄／梁雪山）

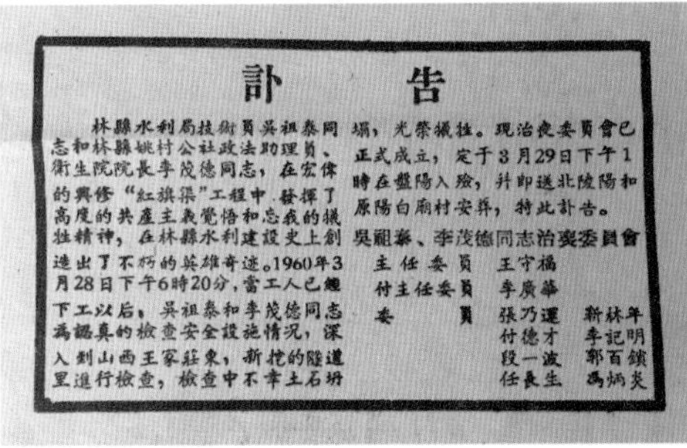

訃　告

林縣水利局技術員吳祖泰同志和林縣姚村公社政法助理員、衛生院院長李茂德同志，在宏偉的興修“紅旗渠”工程中，發揮了高度的共產主義覺悟和忘我的犧牲精神，在林縣水利建設史上創造出了不朽的英雄奇迹。1960年3月28日下午6時20分，當工人已經下工以后，吳祖泰和李茂德同志為認真的檢查安全設施情况，深入到山西王家莊東，新挖的隧道里進行檢查，檢查中不幸土石坍塌，光榮犧牲。現治喪委員會已正式成立，定于3月29日下午1時在盤陽入殮，并即送北陵陽和原陽白廟村安葬，特此訃告。

吳祖泰、李茂德同志治喪委員會

主任委員　王守福

付主任委員　李廣華

委　　員　張乃運　靳林年　付德才　李記明　段一波　郭百鎖　任長生　馮炳炎

吴祖太的讣告（提供／周锐常）

學習吳祖太同志的崇高風格

有关吴祖太事迹的报道（拍摄／周锐常）

子！”从那以后，刘合锁每年都要到吴祖太的老家看望老人，不仅送去政府的抚恤金，还要带上林县的特产，更像亲儿子一样，把吴祖太的父母当成了自己的亲生父母，直至两位老人相继去世。

半个多世纪过去了，吴祖太所做的设计书依然存放于老百姓的心底，那是倾注了吴祖太全部心血的一部旷世杰作，那是一个热血青年对人民的拳拳赤子之心。

如今，红旗渠水沿着吴祖太设计的蓝图，源源不断地流向太行山深处的土地，穿越山岭峡谷，绕过山角石壁，蛛网一样交错纵横。沿着山庄和农田，把大大小小的水库连接起来，甘甜的渠水福泽着这里的人。为这里做出巨大贡献的英雄名字，也永远刻在了林县人民的心里。

勠力大战鸻鹉崖

在修建红旗渠的过程中，林县人民在艰难困苦中所孕育形成的红旗渠精神，很大程度体现在党组织的战斗堡垒作用和共产党员的先锋模范作用上。共产党员在困难面前保持镇定和乐观，能够在最苦、最险、最累的地方身先士卒。党组织对增强修渠大军的凝聚力、战斗力和创造力，对实现红旗渠工程的各项任务和奋斗目标起到了重要作用。

有人说，红旗渠最险的地段，就在总干渠山西境内的20多公里，而在这20多公里中，最险的地方就是鸻鹉崖。那里峭壁直立，是一段接近90度的绝壁。当地人称其为“鬼门关”，那是青鸟不敢上、猿猴不敢攀的绝境。红旗渠要从鸻鹉崖穿过，就需要打出39个20多米深的大炮眼，把200米长、250米高的鸻鹉崖从上到下直劈80多米，才能修渠。

也就是在这里，短短几天之内，接连发生3起安全事故。特别是在1960年6月12日上午，在鸻鹉崖下面的城关公社槐树池大队工地里，山上一块巨石突然崩塌，从工地人群中碾出一条血路，9名民工被当场砸死，其中最小的一个才20岁，还有一个结婚才两天的新媳妇，原本第二天下午她就能回家的。城关公社分指挥长史炳福坐在地上，使劲用手拍着自己的头，痛哭失声：“这咋回去向父老乡亲交代呀！”横飞的血肉贴在山崖上，还有些挂在荆棘上，血淋淋的，惨不忍睹。一连串的事故，一股异常阴郁的气氛笼罩了修渠队伍。人们在传言，是开山炮声惹恼了山神。一时间，全线工地一片沉寂，大家的情绪极度消沉。

红旗渠总干渠几乎都要在这样的悬崖峭壁之上作业，这么大的工程事故将一个严肃的问题摆在人们面前：是停工，还是继续修？选择很艰难，但也很明确，“宁愿苦战，不能苦熬”就是回答。杨贵沉痛地说：“要奋斗就会有牺牲，为了林县人民的根本利益，红旗渠绝不能半途而废！”

1960年9月，总指挥部精心准备鸻鹉崖大会战。首先确定“将帅”，

民工在悬崖半空中施工（提供 / 周锐常）

把马有金从南谷洞水库工地调来，协助指挥。

工程每次遇到艰难问题时，工地党组织就会安排干部群众召开学习会，鸻鹉崖会战的两位指挥集思广益，共想办法。马有金和王才书同大家一起学习毛主席的著作《愚公移山》《为人民服务》，统一思想，鼓舞士气。同时，要求科学施工，认真落实施工方案，吸取教训，不疏漏一个细节。以营为单位，分成爆破、除险、运料、垒砌等作业营，做到了忙而有序，紧而不乱，并对应做好人员安排。另外，加强安全防护等方面措施，精心布置，万无一失。

1960 年 9 月 18 日，总攻鸻鹉崖的号角吹响了。“飞虎神鹰”“开山神炮手”“常胜军”“半边天”等各个公社的英雄汇集鸻鹉崖。一时间鸻鹉崖工地人来人往，总指挥部挑选 5 000 多名青壮年，编成 15 支突击队，摆在鸻鹉崖危险工段上，就此拉开鸻鹉崖大会战的序幕。

人们说，红旗渠的渠线是用炮崩出来的，炸药和爆破的重要性可想而知，但同时放炮的危险性也给人们留下深刻的教训。鸻鹉崖大会战，爆破安全问题是继人员安排之后摆在指挥部面前的重要问题。这场攻坚战，一个关键就是要炸开谷堆寺、鸡冠山和鸻鹉崖三座险峰。马有金等人研究后决定，用一排老炮炸开一条渠线。

一个党员就是一面旗帜。在这种情况下，共产党员常根虎毫不犹豫，挺身而出，担任青年炮手突击队的队长。炮手的工作有多危险，没人比常根虎更清楚。他原名叫常根吾，凭着机智勇敢，练就了一身放炮的真本领。他凌空装药，飞壁点火，根据不同的山崖陡坡、拐角平地，采用不同的装炮布局；他还采用斜炮和拐弯炮，让炮崩下的碎石降落面向山里，尽量不影响施工作业和居民生活。排除哑炮更是一个赌命的活计，即便多次生死一瞬，都无法阻止常根虎在轰鸣声中与爆炸进行生命的赛跑。因为他非常清楚，放炮有多重要，党员的带头作用就有多重要。杨贵觉得他如同老虎一样勇猛顽强，就提议将他名字中的“吾”改为“虎”。突击队成立后，他带头做表率，认真培训队员，制定了严格的纪律守则。常根虎用信念点燃勇气，用信念燃起创造的星火，带出一支优秀的炮手突击队。

在这段 3 000 多米长的渠线上，大小共装了 384 个开山炮，几十名

腰系绳索凌空点炮（拍摄 / 魏德忠）

高险的峭壁上，仅仅依靠一根粗大的麻绳悬挂半空，脚蹬崖壁飞荡于天地间，挥舞着工具除掉一块块被炸松的险石——这就是任羊成和他的除险队员们（拍摄／魏德忠）

炮手在各自的炮位上严阵以待，随着司号员的铜号一响，一声声震撼天地的巨响伴着滚滚浓烟，瞬间充满了整个山谷，三座险峰倒入漳河。

爆破后山壁上松动的石头是严重的安全隐患，也是之前血的教训。这个问题不解决，怎么继续修渠呢？共产党员任羊成站了出来："要继续修下去，但必须安全施工，先得把隐患除掉。作为一个党员，我带领除险！"任羊成带着由12个人组成的除险队，将绳索往腰间一系，手握带钩的长杆，荡向了不时哗啦啦掉下石块的悬崖。多年之后，任羊成回忆当年的除险过程说："钢钎、铁锤、抓钩这些全部在腰间别着，30多斤啊，两只脚一蹬，使钩子一荡，就悠出去了，用钢钎别掉那石头，别不掉就用大锤，一锤，这石头哗地就塌下去了。"任羊成带着除险队在总干渠的各处悬崖峭壁上飞荡，一次次出色地完成了艰巨的除险任务。

从1960年9月18日开始，

移山填谷（拍摄 / 魏德忠）

青年突击队，危险也要上（拍摄 / 魏德忠）

任羊成回忆当年的除险情景（提供／魏德忠）

经过50多天的集中攻坚，红旗渠胜利通过鸻鹉崖。红旗渠建设史上最悲壮、最艰险的一场激战宣告结束。鸻鹉崖这个“青鸟不敢上”的天险成为林县人不屈不挠精神的印记。常根虎、任羊成等共产党员在修建红旗渠过程中舍生忘死、冲锋在前的先锋模范行为，不仅深深影响并教育着广大群众和党员干部，而且在思想上有力地推动了红旗渠精神逐步形成。

铁打硬汉舍生死

在鸻鹉崖工地除险，任羊成就是挺身而出。以后，在其他工地上，他仍是如此。这是一项红旗渠工程中危险系数最大的作业。除险队员用自己的生命冒险工作，每一次，每一天，他们都身处随时有落石砸下、绳子被磨断掉崖的险境中。而随着红旗渠工程的向前推进，除险工作也面临一次次新的挑战，惊险万分。

有一次，碎石从正在悬空除险的任羊成头顶掉落，他躲避不及，一块碎石正好砸在他的嘴上。脑袋“嗡”的一下，就失去了知觉，系着他的麻绳随即在空中旋转起来。太危险了，幸亏他很快就清醒过来，他仰起头准

时任河南省委第一书记刘建勋和劳动模范亲切握手（拍摄 / 魏德忠）

腰缠绳索的任羊成，为了除险，他在紧急情况下拔掉了自己的门牙（拍摄／魏德忠）

凌空除险的惊险一瞬（拍摄／魏德忠）

备向崖上喊话，但连张几次嘴都张不开，似有东西压在舌头上，用手一摸，原来几颗门牙竟被落石砸坏，舌头被砸伤。在进行凌空除险作业时，喊不出话来就无法跟上面拉绳子的人配合。情急之下，他从腰间抽出一把手钳，插进嘴里，钳住被砸坏的门牙，用力往外一拔，鲜血顺着嘴角流下来。6 个小时之后，任羊成才从悬崖下上来。整个嘴巴肿得像葫芦，可任羊成戴着口罩仍要除险。

任羊成非常清楚除险作业的危险性，他的无所畏惧、他的不顾生死，都是为了排除险情，尽快修好渠，争取早通水。他知道，工地上的党员既是党的一员，又是群众中的一分子；既是工程指挥部党委密切联系修渠群众的桥梁，又是工地基层党组织与民工相联系的纽带；对着党旗举过拳头的人，肩膀上有不一样的担子。任羊成带着灿烂的笑，带领除险队，握着长钩，一如奔赴硝烟弥漫的战场。他们身背绳索挠钩的身影，在人们的心中高大起来，给人们留下的是无限的敬意。任羊成真的是“阎王殿里报了名”，这个不怕死、不要命的人，每天就在阎王爷的手心里跳来跳去，履职尽责。

人生有多少风景，不站在一定的高度和角度是看不到的。这种高度是境界拓开的胸襟，是大爱打开的维度，是忘我在洞开的世界，是勇敢在领略无限的险峰。任羊成和他的队员看到了人生最美的风景，是因为他们将人民

穆青参观纪念馆时和当年修渠的劳模共话当年（提供／魏德忠）

利益定位在自己的生死之上。

新华社记者穆青亲眼见过任羊成黏着血迹的内衣，时隔多年，他还感慨说：“他腰上那圈带血的厚茧和没有门牙的嘴巴，给我的印象太深了！”1994年2月，穆青满含深情地写了讴歌任羊成奉献精神的通讯《两张闪光的照片》，后被收录《十个共产党员》一书。“两弹一星”之父钱学森读了《两张闪光的照片》，同样深受感触，不禁流下眼泪。

红旗渠图志　率先垂范树榜样

红旗渠工地上党的各级基层组织，着力履行党的政治责任，发挥政治引领作用，把县委的正确决策转化为群众的自觉行动，把广大群众团结在党的周围，带领群众贯彻县委的方针政策，推动工程进展，发挥党的强大的组织资源和组织优势，成为坚强的战斗堡垒。工地上的共产党员吃苦在前，享受在后，关键时刻能够冲得上去，危难关头能够豁得出去，充分发挥了党员的先锋模范作用。

实地考察（拍摄／魏德忠）

走进红旗渠的建设工地，你很难分得清谁是民工，谁是干部。因为他们都有着风吹日晒形成的古铜色皮肤，都穿着朴朴素素的粗布衣裳，也都是满手老茧。不论是运料抬石头，还是抡锤打钢钎，每个人都那么熟练，那么认真。林县各级党组织和广大党员干部身先士卒，凝聚了人心，真正同群众风雨同舟、血肉相连，形成了亲如鱼水的党群干群关系。

林县干部优秀工作作风的一个显著标志就是“五同”“六定”。“五同”，即干部与群众同吃、同住、同劳动、同学习、同商量。“六定”，即给干部定任务、定时间、定质量、定劳力、定工具、定工段。除了“五同”“六定”之外，还有一条不成文的规定，那就是：领导干部先试验，再给群众定生产指标。如果领导干部一天能修5米，普通干部的指标就定为4.5米，群众的标准比干部再少1米。

在工程修建的岁月里，生活那么艰苦，工作那么劳累，却很少听到群众抱怨。其原因就是在群众眼中看到

引漳入林

再談干部深入五同

学习生活搞得好

民工干劲加倍高

林县干部优秀的工作作风（拍摄 / 周锐常）

的党员干部总是冲在前面。

遇到山高路险，时任县委书记处书记周绍先总是不顾阻拦走在最前面。他说："谁让我是领导呢，领导领导，就是要领好路，当好向导。"在林县，"同劳动"绝不是喊喊口号，而是干部群众不分高低，不分轻重，一样吃苦，一样流汗。在工地上，无论是抡锤锻石、垒渠砌墙，还是开山放炮、制作炸药，只要群众能干的活儿，没有干部不能干的。可在一个饥饿、缺少食物的年代，做到"同吃"更能显现出林县干部同群众同甘共苦的决心和态度。杨贵可以跑 30 多里路为一位老人买羊骨架熬汤暖胃，但在工地上他绝不会多吃一口小米饭。别的民工吃的是"青龙汤"，马有金的饭碗里装的也是一样的清汤水。

遇到问题和突发事件，领导干部就在群众的身边，能够及时处理和解决。领导和群众奋战在一起，才能心往一处想。有这样的领导在身边，群众的心就会很踏实。大家高兴地说："干部能够搬石头，群众就能搬山头；党员干部能流一滴汗，群众的汗水就能流成河。"林县上下齐心协力，充分发挥劳动人民的创造精神，完成了很多教科书上找不到的创举，保障了红旗渠工程的推进和最后胜利。

在红旗渠的整个修建过程中，党员干部的这些表现无不让人民群众交口称赞。如果说没有林县县委领导和广大党员干部严于律己做表率，也就不能让大家心悦诚服地尽心竭力。这些党员干部冲锋在前，退却在后；吃苦在前，不谈享受；率先垂范，不在人后。这钦佩和赞扬形成了一种无形的力量，鼓舞着人民群众忘我奋战在修渠工地上，鲜红的党旗在太行山上高高飘扬。

红旗渠渠首（拍摄 / 魏德忠）

十大工程之 青年洞

SHI DA GONGCHENG ZHI
QINGNIAN DONG

◎三百青年担重任

◎热血年华熔岩石

◎青春誓言字铿锵

◎据理力争显风骨

雨中远望青年洞（拍摄／刘陶）

青年洞（拍摄/魏德忠）

当人民群众意识到梦想等不来，只有靠自己的双手去实现，方会更加自觉地在党的坚强领导下团结奋斗，去实现期待的目标。

红旗渠总干渠第一期工程从1960年2月11日动工到同年10月1日竣工，历时232天。林县人民凭着一双手，斩断45道山崖，搬掉了13座山坳，填平了85道沟壑，截住了漳河水，征服了石子山，闯过了红石崭，攻克了鸹鹉涯、老虎嘴、马平沟、风沙崭等数十道天险，钻通了长600米的7个山洞，建成了38座渡槽、24座路桥和65座大小建筑物。

漳河水终于流到了林县边境上。虽然远水解不了近渴，但林县人还是看到了真真切切的水。他们不再怀疑，因为他们知道，离实现有水梦想的那一天越来越近了！为了让林县人民早日吃上水，县委研究决定启动总干渠第二期工程。1960年10月17日，河口村至木家庄段工程全线开工。

承建： 横水公社、青年突击队
时间： 1960年2月—1961年7月15日
地点： 现河南省林州市任村镇卢家拐村西

虎口崖（拍摄／周锐常）

三百青年担重任

青年洞位于任村卢家拐村西，进口左侧有一条深谷，西面崖壁陡峭，如同刀劈斧砍一般，人称“小鬼脸”。东面巨石林立，被称为狼牙山。这里地势险要，整个山壁呈现“弓”字形，一边是高山挡道，一边是万丈深渊。红旗渠要穿过狼牙山，就必须在“小鬼脸”上开个隧洞，这是红旗渠二期工程中最为艰险的工程。

1960年3月4日，总指挥部向共青团红旗渠委员会部署任务时说：“共青团是党的助手，你们是青年的旗手，卢家拐隧洞开凿任务就交给你们。”工地团委无条件地接受了这一艰巨任务。横水公社九家庄村青年贾九虎腰系绳索，凌空作业，在崖崭上挖出炮眼，打响了开凿青年洞的第一炮；又有4名炮手用高木杆把炸药包顶在石壁上，硬是炸开一条梯形小道，为民工施工扫除了障碍。接着，横水公社的青年民工们上阵开工。

修建青年洞时，正值国民经济困难时期，天寒地冻，缺粮少菜，缺钱短物。这对繁重的修渠工作无疑是雪上加霜。面对食物资源空前紧张的情况，修渠民工不得不在山野间寻找能吃的野菜，靠自力更生克服困难。此时此刻，作为红旗渠工程总指挥的杨贵，还面临着更大的压力。一些流言蜚语传来：“杨贵为了个人利益，置成千上万的老百姓于不顾，搞个人崇拜……”杨贵陷入巨大的压力和矛盾之中。紧接着，中央下达关于困难时期“百日休整”的文件，国内所有正在建设的大型工程必须马上停工，等待国家经济好转。艰难的抉择再一次摆在林

为了填饱肚子，修渠民工在山野间寻找能吃的野菜、野草（提供/周锐常）

县人民面前。

停还是不停？霎时间，林县几十万双眼睛都投向了林县县委。县委会议室的灯光彻夜未熄，大家各抒己见。经过讨论，县委干部们的思想统一，认识一致：修建红旗渠的根本目的是为了人民，那就要实事求是地为民忧，解民难。最后决定：从民工中精心挑选300名青年组成凿洞专业队，继续施工，由这些青年担负起打

青年们站着打，跪着敲，手震得麻木，胳膊酸疼，谁也不叫苦喊累（翻拍自红旗渠纪念馆）

通隧洞的重任，其他民工下山回家，进行生产自救。

后来，上级又指示青年洞也要停止施工。留下的青年们不肯停工，他们派人到山上放哨，检查的人来了他们就停工，待检查的人走了又即刻复工。青春之歌响彻太行山。

红旗渠图志　热血年华熔岩石

狼牙山属于石英岩，坚硬如钢，锤子打下去，往往只能留下一个白点。借来唯一的一部风钻机，只钻了30厘米，就毁掉了40多个钻头。而且地方又狭窄，没有其他办法，只能靠人力一锤一钎地苦苦凿，工程举步维艰。每天的进度徘徊在三四十厘米，而整个隧洞全长616米。这样算下

青年洞施工工地（提供/周锐常）

深山石崖下安营扎寨（拍摄 / 魏德忠）

沿着渠道上山，依然可以看到当年修渠民工在石壁上留下的文字（拍摄／周锐常）

去，别说修红旗渠的时间，凿穿隧洞也要 6 年时间。

在遇到困难的时候，工地团委总会利用晚上召开团员青年会，组织大家一遍又一遍地学习毛泽东的《愚公移山》等著作，学习刘胡兰、董存瑞等革命先烈的英雄事迹，对照思想，解决问题，提高凿洞信心和勇气，不断激发斗志。青年们还把自己的豪言壮语刻在山崖上："苦不苦，想想长征二万五。累不累，想想革命老前辈""红军不怕远征难，我们修渠意志坚，为了实现水利化，再苦再累也心甘""撼山易，撼建渠民工斗志难"，青年们焕发出极大的热情、信心和勇气。

经过反复测量，如果要开凿一座比足球场的周长还要长的山洞，难度非常大。经过计算和研究，新的施工方案产生了。在青年洞外一侧的绝壁

时任河南省委书记处书记史向生（中）在杨贵（右六）等林县县委领导陪同下，来青年洞工地看望和慰问。对青年们在极其艰苦环境下顽强奋战的精神给予赞扬。他说：“坚持就是胜利！”（翻拍自红旗渠纪念馆）

上，民工们开凿出5个旁洞，将整个青年洞分割成6段，每段的走向已经接近直线。原来因为青年洞的弯曲造成的施工难度也降低了，而且每个旁洞又可以双向施工，这样同一时刻就有十几个工作面同时开工，大大加快了工程进度。“三角炮”“瓦缸窑炮”“连环炮”“立切炮”“抬炮”等爆破新技术的创造，使每个工作面日进度由0.3米提高到2.8米。

青年们日夜不停地苦干。1941年入党的岳松栋一心扑在工地，青年洞工地离他家很近，但他坚守岗位，过春节都没有回家。洞越凿越深，总指挥部干部和青年们并肩战斗，发扬蚂蚁啃骨头精神，通宵达旦、加班加点地抢进度。

现在的青年洞景区（拍摄/彭新生）

青年洞景区（拍摄 / 李俊生）

打通隧洞，刹那间，眼前豁然开朗。经过艰辛，终迎来光明（拍摄／周锐常）

雪花飘飘，又是一年的春节，总指挥部通知放假5天，让民工下山与家人团聚，过一个和和美美的春节。此时，进度最快的一、二号洞工作面还剩下6米就要贯通了，青年们怎么也不肯下山，非要在大年初一前将这段隧洞凿通不可。他们在山洞里度除夕，只为早点儿完成工作任务。

当辛丑年第一个黎明悄悄来临的时候，青年洞里爆发出震撼山谷的欢呼声。杨贵抓起电话，听到一、二号洞贯通的喜讯时，激动得满眼泪花。远在洞中的青年们端起指挥部特殊配发的装有白面饺子的碗，干杯！

经历了500多天夜以继日的艰苦奋战，终于在1961年7月15日凿通了青年洞。正是因为有这开天辟地的经历，林县青年们付出了艰辛，迎来了富足，更创造了壮丽。

青春誓言字铿锵

300 名青年在太行山的悬崖峭壁上，啃下这块硬骨头，一啃就是500天。红旗渠的咽喉打通了，工程延伸直指心脏，也意味着向通水又迈进了一大步。

带着党的嘱托和县委的希望，青年们自愿留了下来。想着亲人们的叮咛，他们牢记铿锵誓言。这支建渠队伍里的生力军，是建设红旗渠不可或缺的力量。

世界上最容易找到的就是借口，但林县的青年从来就不给自己退缩的机会。他们知道，青年洞工程相当艰巨，但他们更知道，他们的人生是和红旗渠紧紧相连的，他们的青春在奋斗中度过才会更有意义。他们愿意将大把的青春、甚至生命都交给这片土地。

青年的力量源于坚定、奋进和搏击；青年的力量就是凿石咚咚、锤落叮当、情怀激昂。有了这种力量，就会饿着肚子，冒着危险，去干看似不可能办到的事情；有了这种力量，就会由每日进度的 0.3 米提高到 2.8 米；有了这种力量，就有了不服输的志气，有了不后退的执拗。这力量，注定难关会突破，困难不在话下；这力量，注定长渠的最后竣工，漳河水的奔腾流淌；这力量，注定是共和国建设和民族复兴的脊梁。

为红旗渠建设贡献青春的年轻人（翻拍自红旗渠纪念馆）

远眺青年洞（拍摄 / 李俊生）

如今，“青年洞”三个字镌刻在山壁之上，而这里已经成了红旗渠风景名胜区的标志性景点，每年都有数百万人前来观光游览。来此参观学习的人们，无不感叹红旗渠建设者们困难时期不惧困难的勇气和林县青年们所具有的愚公移山的精神。

岁月如烟，也许人们在经年之后大都记不起这段陈年往事，但祖国不会忘记，人民不会忘记，历史更不会忘记，这些为红旗渠建设贡献青春的年轻人！

GONGCHENG SHUJU 工程数据

青年洞是红旗渠总干渠最长的隧洞。原洞长 616 米，券砌洞脸后长度为 623 米，高 5 米，宽 6.2 米；纵坡坡比为 1/1 500，设计流水量 23 立方米 / 秒；挖砌土石 19 800 立方米，投工 13 万个，用款 20.3 万元。

据理力争显风骨

红旗渠建成后，前来参观考察的人，包括党和国家领导人，都禁不住赞叹红旗渠的了不起。殊不知，红旗渠的了不起是以“不容易”做底色的。归结起来有四个不容易，即一县之力不容易，特定时期不容易（经历了三年困难时期和“文化大革命”），降服太行不容易，顶住压力不容易。每一个不容易，都需要做出正确决策，坚定信念，稳定人心。面对这些困难和复杂情况，林县县委一班人表现出了卓越的政治智慧和在困难面前永不退缩的优秀品格。

1961 年，时任中共中央书记处书记、国务院副总理的谭震林在新乡地委参加农村纠“左”会议，当听到有关红旗渠的歪曲反映后，他感到林县问题非常严重，严

忙碌的施工现场（拍摄 / 魏德忠）

县委领导走访群众（拍摄／魏德忠）

厉批评了林县县委。

与会的人听到副总理点了林县的名，猜测杨贵要有麻烦。会议分组讨论时，对林县非议声再起。参加会议的林县县委组织部长路加林有不同的意见，针对领导的批评提出自己的看法，语言直率，据理力争。谭震林知道后很生气，指示地委撤掉路加林的职务，召集各县委书记到地委开会，要抓林县农村工作“左”的典型。

杨贵接到通知赶到地委参会。刚到，他就觉得气氛异常。晚间，一位熟人告诉他：有人向副总理告林县的状，这次会议是冲着你来的，要有个思想准备。并劝他主动检讨，争取领导谅解，否则后果严重。

杨贵心里很不服气。修渠符合林县人民的意愿，更是为了人民的利益，

共产党的干部就是要和群众打成一片，知民情、解民忧（拍摄／魏德忠）

怎么成了错误呢？晚上，地委书记找杨贵谈话，明确告诉他在明天的会议上做检查。

杨贵面对地委书记据理力争，提了三条意见：其一，撤路加林的职务是不符合原则的；其二，如果说修红旗渠是错误的，责任在他杨贵，不同意撤路加林的职务；其三，林县没有违反“百日休整”的规定，大部分民工已撤离工地回家休整，只留 300 名青年凿洞，县委保证补助给民工每天两斤粮食，基本可以吃饱饭。杨贵请地委书记将自己的意见直接报告给副总理。

次日会议，中央、省、地领导及多位县委书记全部在座。杨贵一声不吭，直到史向生书记给他递条子，提醒他发言，杨贵这才开口。不过，这位倔强的年轻干部可不是做检讨，他讲的是林县缺水的真实情况和林县人对水的千年期盼。

他说：千百年来的干旱、缺水害苦了林县人民，修渠符合县情民意，错在哪里？林县大旱，16 万人翻山越岭担水吃。“百日休整”执行了，绝大多数民工都回家休整，只留下 300 名青年继续施工，所开凿的是红旗渠咽喉工程，不能停止，停了将影响未来修渠进程。县里还有几千万斤粮食供应，怎能说不顾人民群众死活？林县人祖祖辈辈想水、盼水，共产党领导他们翻身解放，走社会主义道路，才实现修渠引水的梦想。讲到动情处，杨贵满眼泪水，声音喑哑：“修红旗渠为的是林县人民，为子孙后代造福，何错之有？撤掉我们的组织部长，批评我们……”

会场气氛骤然紧张起来。很多人担心，这个杨贵也太直白、太敢说了！后果严重啊，县委书记他不想当了？然而，谭震林并没有生气，他甚至没有打断他的讲话，安静地听完杨贵的发言后，什么都没有说，散会后一个人径直走出会场。与会的多位县委书记很赞同杨贵，有的拍拍他的肩膀，有的同他握握手，表示理解和支持。

会后，谭震林很快派出一个调查组到林县，了解真实情况后，对杨贵有胆识、有智慧、有气魄地领导林县人民修渠引水，“重新安排河山”，造福一方百姓的革命精神，予以大力肯定和表扬，地委很快恢复了路加林的职务。

老一辈革命家的宽广胸襟和实事求是的工作作风，令杨贵由衷敬佩。很多年后，每每提起这桩往事，杨贵还会对领导的为人和胸怀钦佩、感慨。

杨贵，这个从解放战争中走过来的县委书记深深地懂得：依靠人民不但是中国共产党在战争年代中取得革命胜利的决定因素，也是党领导人民群众在社会主义建设道路上取得胜利的根本保证。林县县委也是凭借着对人民群众高度负责的态度，带领县委班子和全县人民，在彻底解决干旱缺水的愿景和目标上呕心沥血、砥砺前行。这种强烈的责任意识和使命担当让群众知道，坚强的县委就是党的领导无所不在。

十大工程之 空心坝

SHI DA GONGCHENG ZHI KONGXIN BA

◎巧手匠心留典范

◎高山取材炸顽石

◎思想领导聚民心

空心坝（拍摄 / 魏德忠）

建成的空心坝（提供/周锐常）

林县县委以强烈的责任意识和勇敢的使命担当应对了种种困难，解决了无数难题，一步一个脚印，咬定青山不放松，一张蓝图干到底，积小胜为大胜，图近功至恒远。

红旗渠总干渠宛如巨龙蜿蜒盘旋于太行山，穿越崖谷沟壑，到了白家庄村西时，浊河挡住它的去路。浊河在这一河段大部分时间为干涸状态，但雨季便不同了，不仅有水，且水流量大，最高洪水流量可达每秒1 000立方米。300多米宽的浊河横在红旗渠总干渠面前，且总干渠与河流呈十字形交叉，该如何闯过这个难关？

承建：东姚公社、姚村公社
时间：1960年2月15日后因故停工，1962年10月1日—1964年6月20日
地点：现河南省林州市任村镇白家庄村

浊漳河流域（提供/周锐常）

红旗渠图志 巧手匠心留典范

建渠之前，吴祖太在设计时，曾和总指挥周绍先到白家庄村实地勘察过，掌握河道地质基础和水文资料。一般来说，这种情况应该建一座渡槽，但这里的渠线比较低，并不适合建渡槽。吴祖太翻山越岭拜访附近山村老人，寻求经验指点。老石匠杨万仁对周围环境了如指掌。在杨万仁的帮助下，吴祖太找到一处河滩。此处河道狭窄，上游水流缓慢，下游河床陡直，是建坝的理想选址；而且，白家庄村附近的山上有石头，浊河的河滩上有青石，是烧石灰的好材料，就地取材，非常方便。

方案在心的吴祖太设计出一个与河道交叉的空心坝：坝体呈弓形，坝腹设双孔涵洞，坝下设消力池。就是

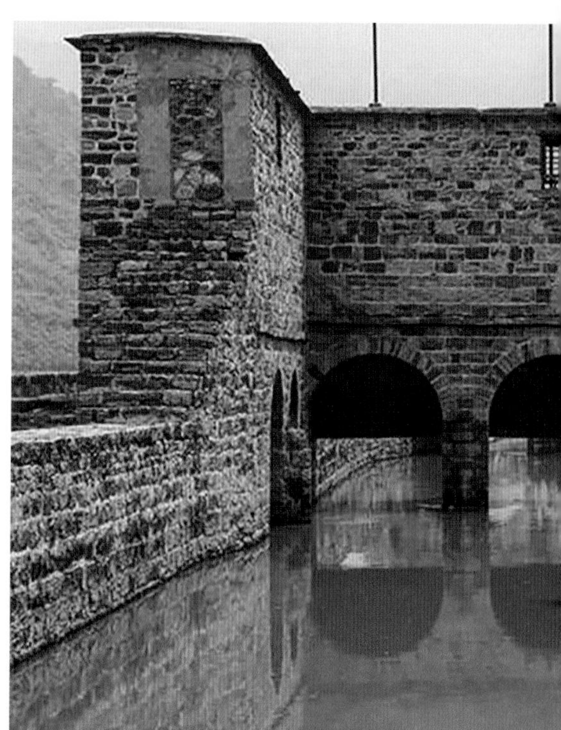

如今的空心坝（翻拍自红旗渠纪念馆）

老石匠（拍摄 / 魏德忠）

悬在半空打炮眼（拍摄／魏德忠）

用石头砌成一个立交桥，让河水从坝上流，渠水从坝心通过。这样一来，河水、渠水互不干涉。这个给子孙后代创造的敢于和河水抗争的空心坝，堪称水利工程的典范。

这套设计方案一出来，问题迎刃而解。1960 年 2 月 15 日，东姚公社开工。刚完成基础工程，因盘阳会议的布置调整，空心坝工程暂停，而吴祖太也没能看到他构思设计的工程最后完工。

红旗渠图志 高山取材炸顽石

在修建红旗渠的艰苦岁月里，广大党员干部正是因为始终保持着对共产主义理想的坚贞不渝和对社会主义信念的矢志不移，才能屡屡在面对生死考验时做到迎难而上、挺身而出。

1962 年 10 月 1 日，空心坝复工建设。此时，作为空心坝设计者的吴祖太早已牺牲。为了搞好这项工程，总指挥长马有金决定，该工程由姚村公社负责施工。马有金和姚村公社分

炸山取石（拍摄/魏德忠）

爆破能手常根虎（拍摄 / 魏德忠）

指挥部指挥长郭百锁及多名技术骨干，共同分析空心坝的施工方案，他们发现石料是个大问题。虽然附近的山沟、河滩也有石头，但远远不够。白家庄村南有座虎头山，那里距离工地不远，而且石质优良。可问题就在虎头山，虎头山，顾名思义，老虎不可轻易冒犯。那座山峰高崖陡，人攀登都很困难，如何采石？几经研究，最后确定只能沿用老办法：放炮炸石。

开山放炮，是红旗渠建设中顶重要的一件大事。而悬崖放炮，全靠人工装药点火，其艰难和危险程度是难以想象的。素有“神炮手”称誉的共产党员常根虎自告奋勇，挑战虎头山。

英雄炮手常根虎和大队干部高兴地看着炸开的石山（拍摄／魏德忠）

为了在虎头山取材，常根虎爬上100多米的崖壁，寻找适合放炮的炮位。一道通天的石缝让他眼前一亮，真是天然的好炮位。常根虎带两名炮手硬是在石缝间凿出一个8米深、2米宽、2米高的炮洞，一次装进去炸药750公斤。“轰”一声巨响，一炮崩出1.1万立方米石块。爆破成功的常根虎带着一块石头跑向欢呼的人群，别提多高兴。

医疗卫生人员在爆破现场（拍摄 / 魏德忠）

空心坝的坝长166米，底宽20.3米；顶宽7米，高6米，坝基埋深1—2米。坝体呈弓形，以增强对上游河水的抗压能力；坝腹设双孔涵洞，单孔宽3米，高4.5米，洞底纵坡坡比1/1 818，总过水能力23立方米/秒；坝下设消力池，再往下为干砌大块片石护滩；坝南北两头各设有高4.4米的导水墙，使洪水聚向河中导入坝外，行洪能力可通过百年一遇洪水1 500立方米/秒。1975年8月通过860立方米/秒的洪峰，大坝安然无恙。挖土石5 624立方米，砌石16 296立方米，投工13万个，用款22万元。

思想领导聚民心

石头再硬，没有林县党员干部的骨头硬；虎头山再险，没有人民群众的意志坚；工程再难，有党的坚强领导，就什么困难都难不倒！

党的思想领导，就是对理想信念、价值观念、理论观点、思想方法以至精神状态的领导。通过党的理论宣传和思想政治工作，向人民群众宣传党的路线、方针、政策，把党的主张变成人民群众的自觉行动。

林县县委还充分发挥《林县小报》《红旗渠战报》、林县广播站等媒体的宣传作用，及时发布红旗渠修建战况和喜讯。战报的编撰人员，及时深入工地，挖掘整理了舍己救人李改云、除险英雄任羊成、凿洞能手王师存、农民专家路银等一大批典型事迹，引导群众向先进学习，树立建渠榜样，推广建渠经验，鼓舞群众士气，引导群众发挥主观能动性，齐心协力修好渠。《红旗渠战报》历时5年，刊发400多期，虽然是油印小报，单面印刷，但每期内容都非常精彩，重点介绍工地上的先进经验、重大消息、好人好事以及工程进展等。每期都发送到各连，让民工们学习，传递正能量，激励大家比学赶帮超。

为激发后方支援红旗渠的积极性，县委利用各种会议，向大家宣传红旗渠建设中艰苦奋斗的事迹，同时宣讲红旗渠建成后将发生的巨大变化。每次宣传，都引起与会者的强烈反响，大家深受鼓舞，积极行动做贡献。在一次干部会上，大家听说民工缺少席子、鞋子的情况后，许多县委领导干部，纷纷回去取出了自己家的席子和鞋

杨贵习惯深入群众听取意见（提供／魏德忠）

子，捐给工地。县长李贵当场就把自己仅仅穿了几次的新鞋脱了下来，从别人那里借了一双破旧的鞋穿回家。

团结协作、共创大业的感人事迹，彰显了思想工作的巨大作用。抚今追昔，以史鉴今，党的思想领导是修建红旗渠的重要法宝。或许，可以从当年红旗渠的修建中得到启迪，更好地发挥党的思想领导作用，引领“中国心”，助力“中国梦”。

十大工程之 南谷洞渡槽

SHI DA GONGCHENG ZHI
NANGU DONG DUCAO

◎血汗筑成南谷洞
◎一诺不渝重千斤
◎苦累脏险若等闲
◎隔三修四巧安排
◎林县平顺情相依
◎领导核心尤关键

壮阔的南谷洞渡槽（拍摄 / 魏德忠）

南谷洞渡槽（拍摄/魏德忠）

在红旗渠工地上，有这样一句话：干部干部，就是带头干活的。领导与群众一起干，遇到突发状况和疑难问题，上下一心，没有解决不了的问题。

当红旗渠穿越浊河后，渠水想要继续向前，就得横跨宽阔的露水河谷，因此必须修建一座大型渡槽——南谷洞渡槽，这是红旗渠总干渠建设中的又一艰巨工程。在这里修建渡槽，有两个硬性要求：第一，要满足红旗渠渠内通过的25立方米/秒流水量的要求；第二，槽墩要经得起南谷洞水库和露水河排泄时最大1 000立方米/秒流水量的冲击。

承建：茶店公社、河顺公社

时间：1960年2月—1961年8月15日

地点：现河南省林州市任村镇白家庄、尖庄之间，南谷洞水库下游700多米处

南谷洞渡槽（提供／周锐常）

景色怡人的南谷洞水库（拍摄/魏德忠）

红旗渠图志　血汗筑成南谷洞

说到南谷洞渡槽，就必须先要说一说南谷洞水库，这个红旗渠重要的补源工程。南谷洞水库是太行大峡谷内露水河的蓄水工程，因拦河大坝的建设，在此形成了长约5公里、宽约0.5公里的高峡出平湖景象，能容水6 900万立方米，控制流域面积可达270平方公里。在修建过程中的艰辛程度难以想象，可以说，这座水库是林县人用血和汗筑成的。

不得不说的是，在修建水库时，存放在水库工地一级输水洞口的炸药箱莫名着火，当时洞内有近70人正在作业。千钧一发之际，22岁的元金堂抱起冒着浓烟的炸药箱冲出了洞口。巨响之后，大家四处寻找元金堂，却只见洞外处处血迹，几天后甚至在很远的地方才找到一片片被烈日暴晒成干的残肢。元金堂是吃百家饭长大的，懂得感恩的他用自己的血汗回报养育他长大的乡亲，在这一次突如其来的事故中，他将自己年轻的生命贡献出来。为此，共青团河南新乡地委专门出版了一本名为《董存瑞式的英雄元金堂》的图书宣传他的英雄壮举。

1960年4月，一名青年在放炮后因躲避不慎，被石块砸中头部而死。死者的双亲悲痛欲绝。马有金、郭根福等干部处理善后工作非常仔细到位。死者的家人都是山民，有很多固执的想法，对葬礼也要求必须按习俗操办。一个本家叔因为孝布纠结，连死者的双亲都左右为难。马有金来到死者家中，了解情况后，自掏腰包拿出50元钱解决了问题。在今天看来，50元很少，但在半个多世纪前的林县，这却是一个人好几个月的全部收入。丧葬仪式中，摔“老盆”也是一个难题。按照当地习俗，谁摔“老盆”谁就是死者的后代。本家没人肯做这件事，死者就无法出殡。郭根福接过“老盆”，摔了个粉碎，丧事就这样办完了。

林县的党员干部在人民群众面前，从不考虑自己。凡事先替群众打算，以人民的意愿为一切工作的出发点。

南谷洞水库运沙队（提供/周锐常）

红旗渠图志　一诺不渝重千斤

马有金是南谷洞水库的指挥长，这位饱尝缺水之苦和修渠之难的共产党人，从1958年动工之初，就一直奋战在第一线。解决过无数难题，经历过无数考验。有困难，总是冲在最前头。

1961年10月，在红旗渠工程最艰难的阶段，指挥长王才书病倒了。

杨贵来到南谷洞水库大坝，找到了马有金。看着消瘦、面目黝黑的马有金，俨然就是个民工，谁能想到他是副县长？

马有金笑笑说："老杨，接下来县委让我到哪儿干？"显然，他知道杨贵为何而来。

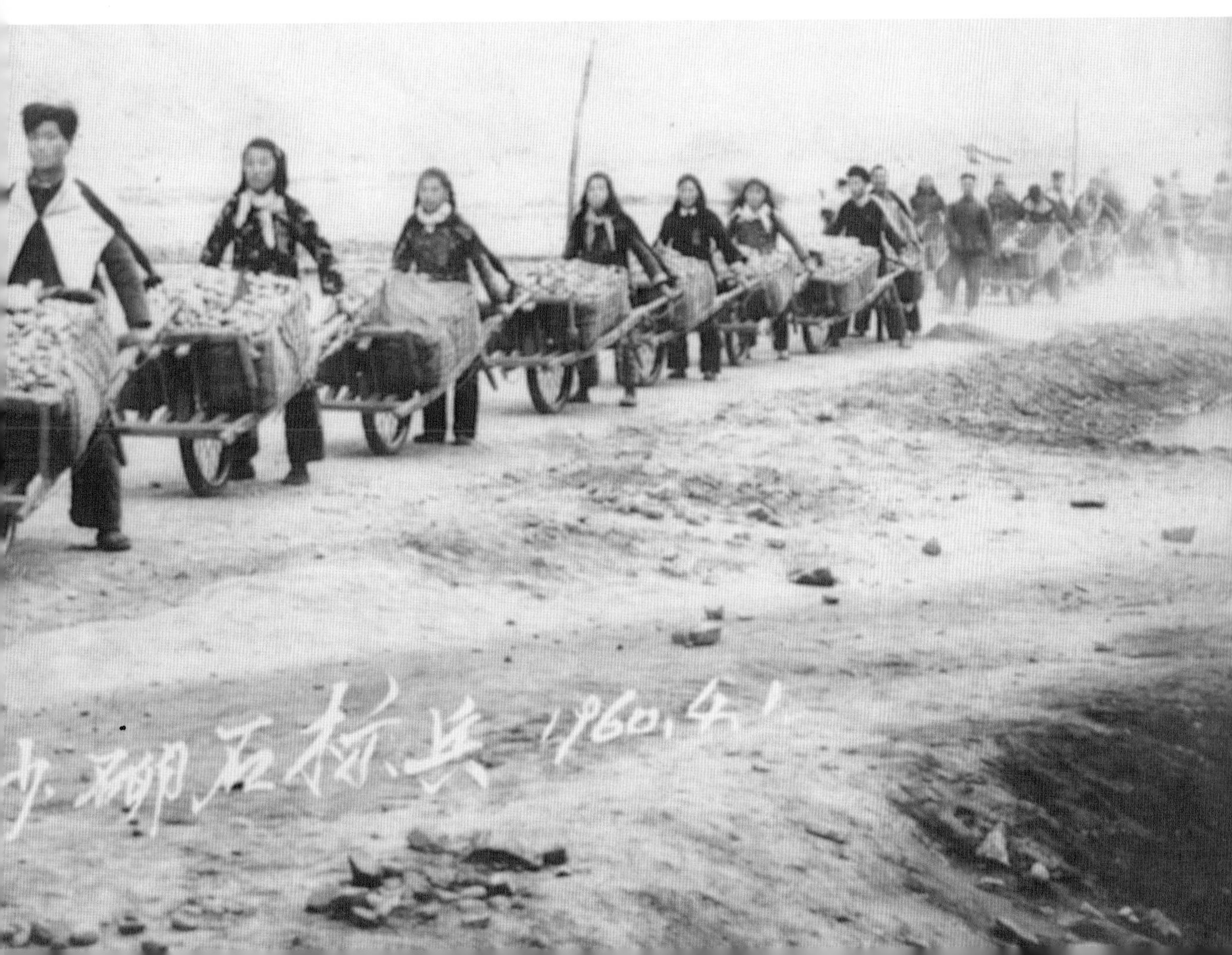

南谷洞水库大坝，高 78 米，相当于 26 层高楼。这就是在没有大型机械设备的年代，林县人民付出血汗代价建成的宏伟建筑（拍摄 / 魏德忠）

质量重于泰山，如未达到施工标准，马有金责令立即返工（拍摄／魏德忠）

杨贵看着瘦得颧骨高耸、才四十出头就已两鬓染霜的马有金，心里不禁一阵酸楚，想着要把更重的担子压在马有金的身上，实在是于心不忍。

马有金是个爽快人，喜欢直来直去，看出杨贵心里的为难，就主动请缨："你说话，县委指向哪儿，我马有金就打向哪儿！"

"我想让你上红旗渠，你的身体……"

"行！"

一字承诺，从此千斤重担在身。

样样精通的马有金和民工们一起砌渠（拍摄 / 魏德忠）

一项重大决策的实施，总是需要执行者得力的指挥和有序的管理，方可完善，方得始终。红旗渠工程需要这样一个实干家、执行者，马有金就是这样一个扎实肯干的执行者。直到 1969 年 9 月红旗渠工程全部完工，马有金一直奋斗在修渠第一线，人称“黑老马”，这不仅是源于他肤色黝黑，也是因为他像黑马一样扎在工地。他虽然身为副县长，却总是以普通民工的姿态忙碌在工地上。他会和年轻人一起抡锤比赛，一把年纪还一定要赢；他有恐高症，却在人手不够时，给下堑人放绳；当暴雨袭来、堤坝出现旋涡时，他会纵身一跃在水中寻找漏洞。

马有金在红旗渠建设工地推行干部“五同”，这可不是空话口号，就是要让干部与群众上下拧成一股绳，处处体现党的领导，处处发挥表率作用。他规定：在工地上，无论是抡锤锻石、开山放炮、烧石灰、造炸药，都要有干部在现场。抡锤打钎，逢山凿石，遇沟架桥，垒石砌墙，马有金样样精通。他还经常说：“百年大计，质量第一，我们修渠是为子孙造福的大业，绝不能干对不起人民的事！”他讲的就是“质量重于泰山”，黑着脸

英雄的林县儿女，为了早日引来水，一头扎进茫茫太行，历经苦难，舍生忘死（拍摄／魏德忠）

马有金带领施工人员现场观摩，保证质量（拍摄／魏德忠）

就为百年大计。他合理调动和安排，以保证整个工程从物资采购到现场施工，从人员组织到后勤保障，总体运转畅通。几万个未经过训练的民工，井然有序地投入到各个岗位。

在红旗渠的建设中，马有金是操尽了心，费尽了力。心，倾于此；命，也置于此。由于工地生活过于紧张，他的血压不断升高，经常头晕头痛，有时头痛得难以忍受，他就用耳朵放血疗法加以缓解；严重的关节炎折磨得他坐卧不安，他就从山上捉蜂王蜇自己的膝盖，用蜂毒止疼。在红旗渠工地的9年里，马有金没有一个年是在家里过的。老母亲去世时，他也是匆匆处理后事，就又急忙赶回工地。没能在母亲身边尽孝、为母亲守灵，让孝顺的马有金遗憾终生。

红旗渠工程干了10年，马有金做了9年的总指挥长，他是县级领导者中唯一获得特等劳动模范称号的人。用杨贵的话说："要不是有这个马有金，这个渠20年都修不成。"

经过岁月淘洗，马有金的平凡与不凡，对于今天党的领导干部来说，显得愈加弥足珍贵。

1990年，杨贵重回林县看望当年修渠的老战友，第一个就去了马有金的家。当时，马有金刚做完胃癌手术，身体还很虚弱。分别多年的两人一见面就拥抱在一起，泪流不止。杨贵安慰马有金说："当年咱们给太行山开膛破肚，凿成青年洞，现在肚子上划个小口不在话下。"还说："历史是由人民来写的，人民会记住那些为国家做出贡献的人。"

石匠们锻石作业现场（拍摄／魏德忠）

苦累脏险若等闲

南谷洞渡槽位于石板岩乡北部。1960 年 2 月，红旗渠工程刚动工时，茶店公社分指挥部就组织 7 个村的民工开始了南谷洞渡槽的施工。开始时，民工们的主要任务是清基和备料。

为保证渡槽的稳定性，槽基必须是硬石底，但这里河滩却是千百年河水冲积而成的，常常要往下挖四五米深，才能见到硬石底，清理之后才能回填垒砌。在清基的过程中，经常发生出水现象。好不容易挖到硬石底，水就从边上、底下渗出来。

早春的工地，河水冰冷刺骨，民工们就站在水里，边舀水边施工。当时，既没有防护工具，也没有抽水机，只能人工作业，民工们只能和出水抢时间。

在备料石作业中，修渠民工需要从崖壁上崩出坚硬的红岩石。面对特别坚硬的红岩石，所有人都一筹莫展。林县石匠的手艺是很有名的，有些老石匠的手艺更是祖传，经验丰富，都有绝活在身。为此，茶店公社分指挥部指挥长秦守业几番打听，找到了老石匠李发旺。李发旺倾囊相授，一人带出来 80 多个石匠。他们摸准红岩石的特性，顺利地完成了砌槽备料石的任务。

当渡槽下部的 10 个桥孔全部合龙，正准备垒砌渡槽墙时，按照盘阳会议的安排，总干渠第一期工程任务紧急，民工全部调到山西境内施工。因此，

奋战在冰冷的泥水中（拍摄／魏德忠）

翻山越岭担送修渠物资（拍摄／魏德忠）

运石场面（提供/周锐常）

南谷洞渡槽暂时停工。1961 年 6 月，南谷洞渡槽复工。为了在汛期前完成任务，除茶店公社外，河顺公社 250 名民工也加入进来。1961 年 8 月中旬，南谷洞渡槽顺利竣工。

至今，南谷洞渡槽仍是南谷洞水库补源接口，依然起着重要作用。当红旗渠水源不足时，南谷洞水库的水会根据安排迅速补充到红旗渠里。而具有“太行平湖”之称的南谷洞水库更是景色迷人，至今吸引大量观光客来此垂钓、戏水。

修筑渡槽（翻拍自红旗渠纪念馆）

水，给孩子们带来了从未有过的欢乐（拍摄/魏德忠）

工程数据

GONGCHENG SHUJU

南谷洞水库早在1957年就开始修建，于红旗渠总干渠第二期工程即将竣工前建成蓄水。南谷洞渡槽横跨露水河，共有10孔，故又称十孔渡槽。长130米，宽11.42米，高11.4米，另加基础2—3米，单跨9米，石砌拱形结构，拱券厚0.5米；渡槽挡水墙高4.3米，底宽6.2米，槽底纵坡坡比1/3 600，设计过水流量23立方米/秒，桥下排泄露水河272平方公里流域面积的洪水。共挖土石5 264立方米，砌石9 318立方米，投工5.6万个，用款14万元。

隔三修四巧安排

红旗渠总干渠第二期工程完成了，南谷洞水库亦建成蓄水，一切顺利地进行着。但是，杨贵没有闲下来，他一直在思考一个问题：在严重的旱情面前，怎样才能尽快发挥南谷洞水库的效能呢？

杨贵面对墙上张贴着的红旗渠总干渠线路图。工程每向前延伸一步，他都要在上面用红色的铅笔标识出来。

按照红旗渠总干渠设计方案：

第一期工程：渠首—河口段。

第二期工程：河口—木家庄。

第三期工程：木家庄—南谷洞。

第四期工程：南谷洞—坟头岭。

从1960年2月红旗渠总干渠动工，到1961年9月第二期工程竣工，杨贵的红铅笔终于把箭头画到了木家庄。他在木家庄和南谷洞之间画了一道大弧线，又在南谷洞和坟头岭之间画了一道小弧线。杨贵仔细端详着，表情渐渐严肃起来。按照目前的施工进度，总干渠全部建成通水，起码需要3年时间，这不过是理想预期，实际上通水的时间可能还会拖得更长。如此一来，红旗渠工程不仅不能解决当前的旱情，过长的时间也会消磨人的热情和意志，修渠民工的情绪必然会受到影响。

杨贵盯着总干渠线路图思考着，突然眼前一亮，为什么不调整一下施工方案，先干第四期工程呢？这样就能把南谷洞水库的水送到坟头岭以南的地区了！杨贵把这个想法先跟总指挥长马有金通了气，然后在总指挥部和县委会议上研究。这个大胆的、超越常规的设想，被称为“隔三修四”。调整工序，南谷洞水库的水先流进林县，让人民群众尽早真切地感受到修

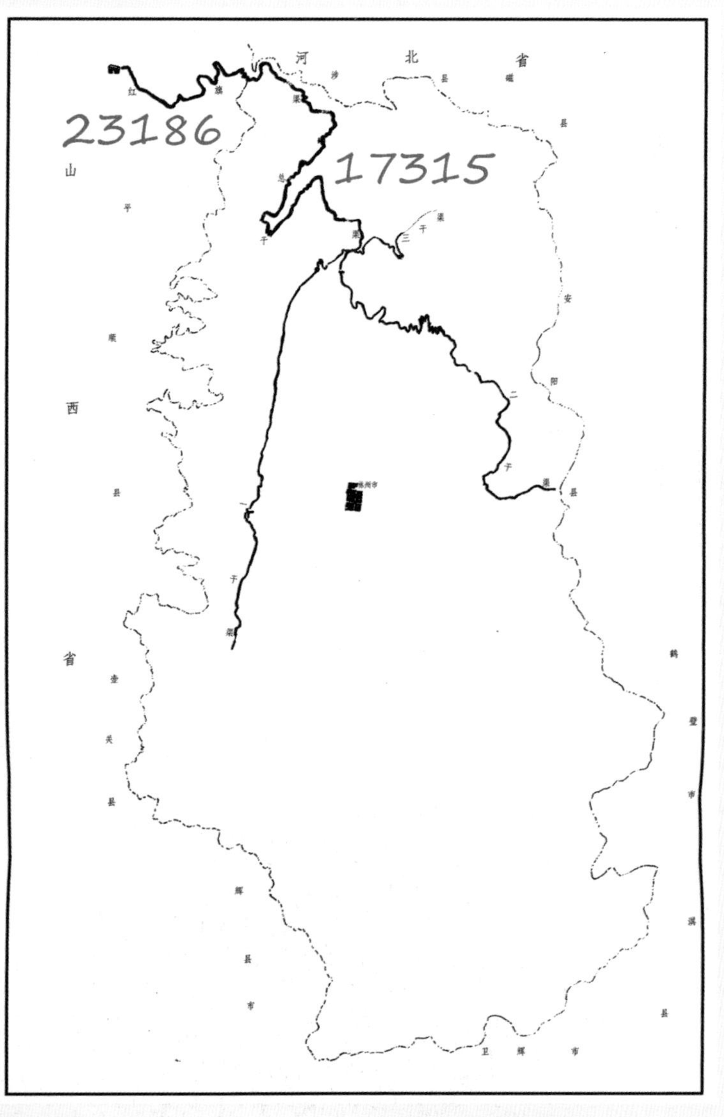

红旗渠工程示意图（提供／周锐常）

渠带来的实惠。大家一致同意，都觉得这是一个好主意！集中力量，先修南谷洞至坟头岭的第四期工程，让南谷洞水库和红旗渠早日发挥效能，让干渴的林县土地和人民早日“喝上水”。

1961年10月1日，红旗渠总干渠第四期工程开工了。事实证明，杨贵做出的战略调整是正确而科学的。

1962年11月15日，红旗渠第四期工程竣工，南谷洞水库的水流进林县，林县人民提前感受到修渠带来的幸福。通水的那天，十里八村的群众蜂拥而来。水闸缓缓抬起，飞溅的浪花奔涌而出，人群顿时沸腾起来。

杨贵告诉兴高采烈的林县群众：“现在大家看到的是南谷洞水库的水，咱们再艰苦干几年，等红旗渠总干渠全部修成了，就会引来真正的漳河水，那时的水要比这儿大得多！”

千年的愿望终于实现（拍摄 / 魏德忠）

林县平顺情相依

淙淙流淌的渠水告诉林县人：在党的领导下，林县人民同心同德，共同拼搏，从太行山上蜿蜒而来直达林县境内的那条“天河”，不是可望而不可即的梦幻，而是奋斗的目标，是可以实现的梦想！

“引漳入林”的源头，也就是红旗渠总干渠，就在山西省平顺县的侯壁断。中共山西省委和平顺县各级人民政府听闻林县要修渠引水，不仅同意引漳河水进入林县，而且纷纷伸出援助之手，使得“引漳入林”工程引水点的关键问题得以顺利解决。

在修渠的过程中，遇到住地和生活、修渠占地、除渣砍树、放炮崩山等很多现实困难和问题。平顺县石城、王家庄两个公社党委和政府及沿渠 11 个村的大队党组织做了大量的协调工作。当地群众腾出房子，让出耕地，迁移祖坟，毁掉果木，尽最大可能地支持林县。

杨贵考虑到土地使用权的重要性和避免将来发生难以预料的问题，不给子孙后代留麻烦，1962 年 8 月，林县和平顺县就红旗渠在平顺县境内涉及的问题，签订了《林县、平顺两县双方商讨确定红旗渠工程使用权的协议书》，明确规定：林县对在修建红旗渠过程中征用的土地、山坡、房屋、树木等一切财产给予全部赔偿；对占用平顺县境内的土地，确保河南省林县人民群众永远使用的权利。两地政府、人民之间团结协作的精神，不仅极大地促进了红旗渠建设工程的效率，增进了豫晋两地人民的深情厚谊，也充分体现了社会主义制度的优越性。

真诚和善良作为最佳的桥梁，更把林县人与平顺人连在一起。在第一批进入平顺工地的林县人中，有一位来自姚村的女民工，名叫范士芹，当时她放下刚刚8个月大的儿子就来修渠了。临时住的老乡家有个四五个月大的男孩，叫毛毛，他是房东抱养的，没有奶水只喂米汤，半夜总是哭。范士芹就像对待自己的孩子一样去照顾他。从那以后，毛毛不哭闹了，也长胖了。4个月后，范士芹按照工地的安排告别了毛毛一家。毛毛娘逢人就说：“林县人真好。”如今，当年的毛毛已是快60岁的人了，他叫岳建堂。他常常带着一家人去林州姚村看望这位奶娘。范士芹老人已是耄耋之年，当年她用无私和爱谱写了一段难得的跨省佳话，体现了社会主义大家庭的互助和温暖。

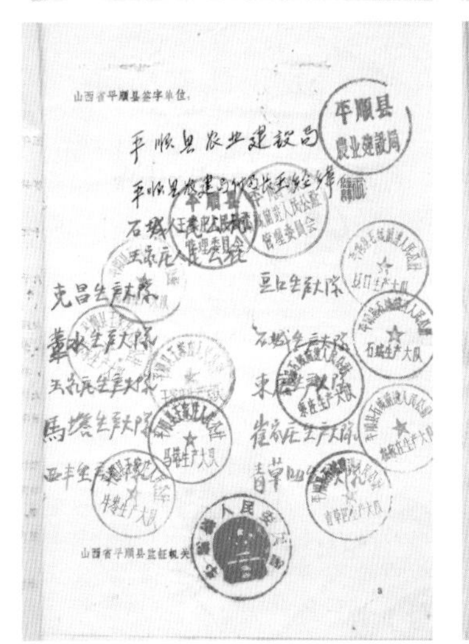
山西省平顺县签字单位
平顺县

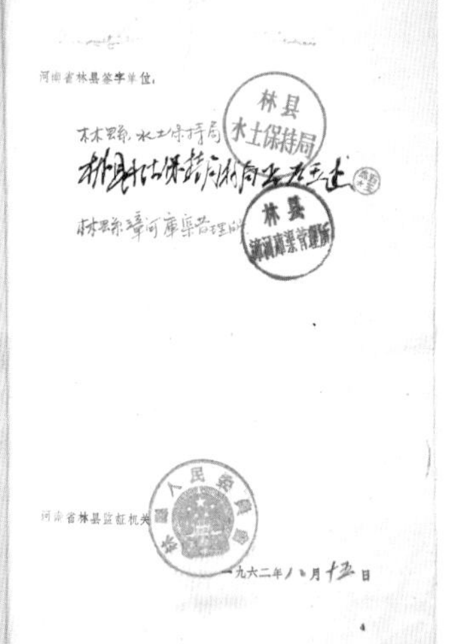
河南省林县签字单位
林县

《林县、平顺两县双方商讨确定红旗渠工程使用权的协议书》签订（拍摄/周锐常）

红旗渠图志 领导核心尤关键

毛泽东说："领导我们事业的核心力量是中国共产党。"[①]习近平曾强调："能不能驾驭好世界第二大经济体，能不能保持经济社会持续健康发展，从根本上讲取决于党在经济社会发展中的领导核心作用发挥得好不好。"[②]红旗渠建设的实践证明，充分发挥党的核心领导作用，是我们战胜风险挑战，不断取得胜利、实现党的执政使命的关键所在。

林县县委党员干部带头服务大局，带头发扬民主，带头执行纪律，带头廉洁自律，起到了全县人民的领导核心作用。林县县委一班人深知红旗渠对林县经济社会和人的发展，具有巨大的拉动力、推动力、带动力、影响力。所以，在红旗渠的建设中，他们敢于顶着质疑，砥砺前行。这个核心冷静观察，直面现实，正视困难，双脚站在坚实的太行山上，置身于群众中，拥有了牢固的立足点，看到了远方的地平线，找到了准确的方位，统率全县人民创造出红旗渠这个当代奇迹。

---

① 毛泽东.毛泽东文集:第六卷[M].北京:人民出版社,1999:350.

② 习近平.在党的十八届五中全会第二次全体会议上的讲话（节选）[J].求是,2016,1.

会议现场（提供／周锐常）

倾听群众心声是共产党领导干部的优良作风（提供/周锐常）

迄今为止，人们或许还会有许多不可理解的问题：当年10万大军在太行山上战斗了整整10年，这么多人、这么多年是如何指挥调动的？这么多工序又是如何安排的？可以说，没有共产党的坚强领导，就没有红旗渠；没有林县县委的统一指挥，就没有红旗渠精神的凝结。红旗渠的建设，充分展示了林县县委驾驭全局、集体统揽的执政能力和领导能力。

党的基层组织是党的战斗堡垒，是红旗渠建设全部工作和战斗力的基础，是施工方案得以细化和执行的单位。林县县委把抓基层、打基础作为固本之举，哪里有党员、有群众，哪里就有党的组织。红旗渠上的基层党组织在带领群众、团结群众、关心群众疾苦中调动群众积极性，在知人知情的密切关系中凝聚群众力量，展现了基础党组织的凝聚力、创造力和战斗力，充分发挥了基层党组织的战斗堡垒作用。在红旗渠开工之初，各公社党委和农村、厂矿、机关基层党支部，都坚持书记挂帅，党政群团都置于党委统一领导之下，全力支援和服务红旗渠建设，把党的组织领导转化为组织优势，形成了强大的战斗力。他们把责任放在心上，把工作抓在手上，把任务落到实处，特别能吃苦、特别能战斗、特别能奉献，豁得出来，顶得上去，在问题和困难堆叠处疏通壅塞，在危急时刻直面牺牲，成为修建红旗渠的骨干力量。

十大工程之 分水闸

SHI DA GONGCHENG ZHI FENSHUIZHA

◎打通隧洞分水岭

◎此生为渠无遗憾

◎总渠枢纽分水苑

◎为有源头活水来

◎廉政奉公创奇迹

分水闸（拍摄／刘陶）

分水闸（提供 / 周锐常）

以史为镜，这是红旗渠精神留给今日中国的重要财富。

大旱给林县人的生产生活带来了巨大影响。1961 年的春夏，林县降水依然十分稀少，秋季再度出现旱情。为了战胜旱灾，县委决定，南谷洞至分水岭段工程要提前通水，抽调姚村、泽下、原康和采桑 4 个公社百余名技术骨干，增强施工力量。这段工程，最艰巨的任务就是打通分水岭隧洞。

承建： 青年突击队
时间： 1961 年 10 月—1963 年 1 月 20 日
地点： 现河南省林州市城北 15 公里

分水闸（拍摄／刘陶）

红旗渠图志 打通隧洞分水岭

分水岭原名坟头岭，海拔470米，因山顶多古坟而得名。这座岭海拔较高，渠水如果流不过分水岭，红旗渠就成了一条废渠，引来漳河水的梦想就会破灭。

想要渠水通过分水岭，就必须从这里凿一个长240米的隧洞，两头还要开出100多米长、宽、高各十

石头是工地最重要的材料（提供/周锐常）

民工用独轮车运送石料（拍摄 / 魏德忠）

杨贵现场指挥工作（拍摄 / 魏德忠）

几米的深沟明渠。可以说，该工程很关键，所以只能成功，不敢失败！

1961 年 10 月，总指挥部治安保卫股股长卢贵喜，带着县里精心挑选的 300 名青年进入工地。这支队伍可不简单，他们曾因开凿青年洞而声名鹊起。考虑到隧洞上面以后的交通问题，也为了保证工程的质量，这个洞被设计为双孔隧洞。卢贵喜工作认真负责，严谨细致，每天钻在洞内和青年们一起战斗，随时解决施工中出现的问题。年轻人不负众望，经过 7 个月的紧张施工，1962 年 5 月 1 日，分水岭隧洞终于被凿通了。随后，马有金又安排姚村、泽下、原康和采桑 4 个分指挥部抽调百余名石匠，完成了明墙衬砌工程。为了节约土地，部分明渠改暗渠，在洞顶覆盖土层改成良田，使得隧洞又加长 114 米，最终分水岭隧洞总长度成为 354 米。

马有金在工地上凿石（拍摄 / 魏德忠）

红旗渠总干渠竣工（拍摄／魏德忠）

红旗渠图志 此生为渠无遗憾

每一处重点工程的完工，都标志着红旗渠在前进的道路上又迈进了一大步。每一个为红旗渠奋斗过的人，都会为此露出满足的笑容。

在红旗渠的工地上，有一位无人不知的“土专家”，叫路银，他是林县合涧镇郭家园村人。13 岁时，路银就靠着家传的石匠手艺养家糊口。他虽是农民、石匠出身，却很爱动脑筋，加上又勤奋好学，后来在兰州铁路局有份像样的工作。1957 年，林县修英雄渠的时候，回家探亲的路银受邀去工地帮忙指导技术问题，结果他这一去就扎在了林县的水利工程

路银正在用“水鸭子”测量渠线（提供 / 周锐常）

里。红旗渠开工，路银就加入其中，当时很多人还很惊讶："路银怎么还在这儿，咋没回兰州上班去？"答案是，路银舍弃了自己的工作，留在了红旗渠的工地上，哪里需要他，他就到哪里。10 年修渠，路银的脚步踏遍了红旗渠工地的每一寸土地。

几块石头、一个水盆、一个空碗、一根直棍，这么简单的玩意儿做成的"水鸭子"，竟能达到专业测量仪器的精准程度。他毫无保留地将这一技术教会了几百人，并带领他们为红旗渠测定数百里渠线，保证了施工的准确性。他曾为皇后沟大渡槽彻夜难眠，半夜

红旗渠特等劳动模范路银（拍摄 / 魏德忠）

一丝不苟的路银（拍摄 / 魏德忠）

大雨中跳入半人深的水沟里清淤，累吐了血。总干渠竣工后，路银的脚步也没有停止，继续奋斗在接下来的干渠、支渠的建设中。他不仅为桃园渡桥的建设开动脑筋，在红英汇流、焦家屯渡槽等其他工程里，也奉献了智慧与力量。

路银在修渠工地一干就是10年。他的老伴病倒了，整日以泪洗面，没能盼到丈夫回来就去世了。路银家里至今还保留着一张奖状，这是当年修渠人得到的最高奖励。这个具有一手石匠绝活、与石头打了一辈子交道的人，给家里留下的，除了几样磨光了的工具，就是在红旗渠通水的典礼上拿到的奖状和那条流淌至今的渠。

一张薄薄的纸，与稳定的“铁饭碗”、精湛的“金手艺”，还有付出的心血相比，实在是微不足道，但路银却把这一切看得很重。路银临终前，嘱咐子女把他葬在离渠最近的地方。墓碑上写着：“路银　红旗渠特等劳模”。他修这条渠，爱这条渠，无论生死都不想离开这条渠。

1990年5月，当杨贵回到了阔别14年

“土专家”路银在现场指挥勘测。右三为路银（拍摄／魏德忠）

的林县，他不顾一路上的劳顿，马上去看望当年一起修渠的那些老战友。当听说路银已经过世时，杨贵难过极了，一定要去他的坟上看一眼。路银的儿子在前引路并呼喊着："爹！这回您可以瞑目了，您一直念叨的杨书记来看您了！"杨贵泪如泉涌，弯下身捧起一抔黄土，一边撒在路银的坟头，一边动情地说："老路，我来晚了！"声声呼唤，催人泪下。

这些为建设红旗渠做出了突出贡献的英模们，是祖国的功臣，党和人民会永远记着他们。

通水后，路银给孩子们讲起当年修渠的事情（拍摄／魏德忠）

红旗渠图志 总渠枢纽分水苑

1965年3月，红旗渠总干渠分水闸修建完成。作为总干渠的枢纽工程，闸房内安装启闭力15吨的启闭机3台，房下有3个大闸门，孔宽均为2.5米；闸房上高悬“红旗渠”三个大字。闸门内奔泻出两股清水，右边分出的是红旗渠一干渠，为双孔，沿西山到合涧镇，和英雄渠汇流；二干渠为单孔，沿林县盆地东北边山腰蜿蜒东去，到马店村东止；三干渠从上游560米处分出，向东到东岗镇卢寨村。

人们安静地等待激动人心那一刻的到来（提供/周锐常）

工程数据

GONGCHENG SHUJU

总干渠分水闸，是红旗渠最关键的咽喉工程。一干渠、二干渠分水闸设于总干渠终点。总干渠分水闸以上是长102米、高10米的防洪矩形明渠，再往上是长346米的分水岭双孔隧洞，单孔宽4米，高4.5米。一干渠、二干渠分水闸长6.5米，高12米，宽13.5米；闸底高程454.44米，低于渠首进水闸底10.31米。一干渠沿林虑山东侧向南至红英汇流，长39.7公里，设计流量14立方米/秒，灌溉面积35.2万亩；二干渠沿林县盆地东北边山腰蜿蜒东去，到马占村东止，长47.6公里，设计流量7.7立方米/秒，灌溉面积11.62万亩；三干渠分水闸位于一、二干渠分水闸上游560米处的总干渠左侧，由此向东北穿过3 898米的曙光洞到东卢寨村东止，长10.9公里，设计流量3.3立方米/秒，灌溉面积4.6万亩。

红旗渠图志 为有源头活水来

1962年10月15日，南谷洞渡槽至分水岭的第四期工程竣工，分水岭开闸放水，使南谷洞水库的水比预定时间提前到了分水岭，这大大增强了人民群众修建红旗渠的信心和决心。

1964年10月30日，红旗渠总干渠全线竣工；12月31日，总干渠首次试放水成功。浊漳河的水，终于流进林县！这是一个巨大的喜悦。经过半年检验，红旗渠质量达标，且未发生一起工程质量事故。

在党的领导下，用百折不挠的信念支撑的林县人民历经千辛万苦，闯过千难万险，终于盼来了永载史册的一天。

1965年4月5日，历史会永远铭记这一天，久渴的人们和久渴的土地狂了，痴了，醉了。这一天是林县人终生难忘的日子，没有人能像他们一样珍惜这个日子——红旗渠总干渠正式通水！一条大渠泄下滔滔清流，气势恢宏，无比壮观。

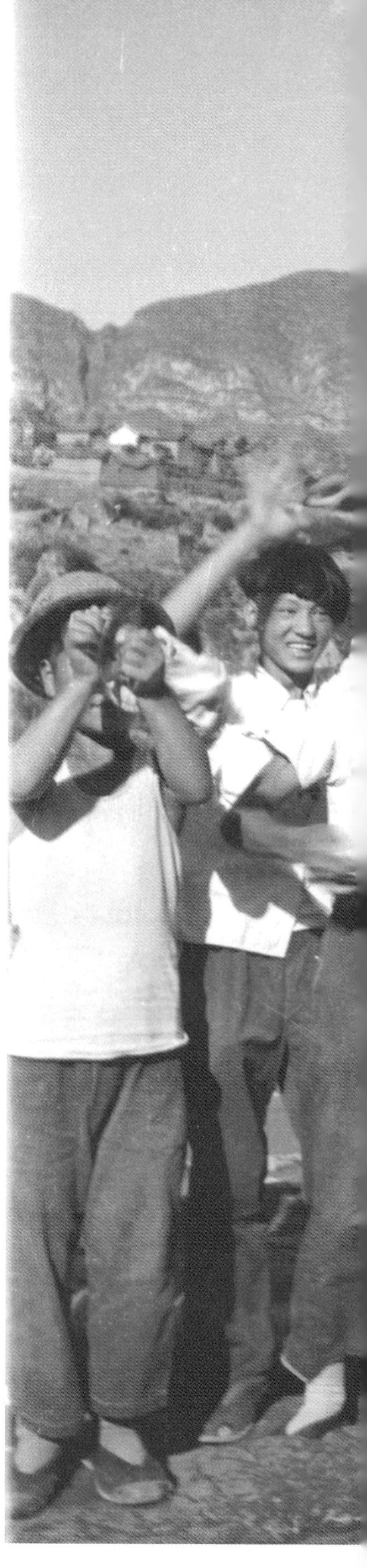

总干渠通水典礼（提供／周锐常）

在分水岭，林县县委召开了“庆祝红旗渠总干渠通水典礼大会”，群众从四面八方赶来。求水、盼水千百年的林县人终于实现了梦想，不论男女老少，都想要亲眼见证这一时刻。年迈、行动不便的老人坐在儿子的推车里，怀里抱着小孙子，满眼都是炽烈的渴望，喜悦的笑容绽开岁月的沟壑。

杨贵高喊一声：“开闸！”只见奔涌而出的漳河水穿山而来。为了这水，林县人住山崖、跳冰河、吃水草、挂悬崖、开隧洞……摄取最低的热量，释放出最大的热情，他们把血和汗留在了巍峨的太行山上。梦想变成现实的这一刻，林县人民觉得，一切都是值得的。因为，他们为子孙后代创造出了最有价值的财富。

为修渠而做出巨大贡献的建设者们，也在这次大会上获得了表彰。劳动模范们披红挂花，在群众前排就座。没有金钱物质奖励，只有一张写着他们名字的奖状。

一个劳动模范出门时，家人拿出了一双新鞋给他穿。要获奖了，得穿得光鲜点儿，新衣服置办不起，只有一双新纳的鞋子。出了门，他就把新鞋脱了，揣进怀里，光着脚走了好几里山路才到了大会现场。马上就要颁

奖　　給

在治山治水斗爭中的模范

路　良同志

中共林县委員会
林县人民委員会
一九六五年四月一日

獎　　給

紅旗渠建設特等模范

崔天本同志

中共林县委員会
林县人民委員会
一九六六年四月廿七日

当年奋斗的印记（提供 / 周锐常）

奖了，劳模这才小心地拿出新鞋，穿在脚上，走上前，喜悦地举起自己的奖状。对他们来说，一张薄薄的奖状，就是至高无上的荣誉。他们一生都为自己是红旗渠劳动模范而自豪。

这些在现在看来显得极其简单的奖励，却体现出党组织对修渠干部群众的尊重，对他们创造性劳动的尊重，对他们平凡而伟大的人格的尊重。这些尊重，是深层次的以人为本，比纯粹的物质奖励有着更深远的影响。正像红旗渠特等劳模任羊成所说：“作为一名党员，如果现在还修渠，一定还要去。”他的话语，成为一个伟大时代的思想烙印。在今天，在所有困难面前，这句话依然熠熠生辉。

太行山（拍摄 / 魏德忠）

盛大的节日——红旗渠总干渠通水了（拍摄／魏德忠）

红旗渠图志 廉政奉公创奇迹

走进红旗渠纪念馆，会看到一个破旧的木箱子。原是炸药箱，黑黝黝的，木头本来的颜色已经被岁月浸染。箱子打开，能看到箱子盖的内侧还贴着一张隐约可辨“收据”两个字的纸条。

当年修渠时，民工来工地，完成自己负责的任务就可离开，只有干部会一直留在工地。拮据的干部们没有行李箱存放生活用品，就找总指挥长马有金，申请购买用过的炸药箱。用一个用过的破木头箱装东西，在今天的人们看来，已经是废物利用，更别说要掏腰包花钱买。但是，在半个多世纪前的红旗渠工地上，马有金听到这个要求时，却黑着脸，皱着眉，最后才松口，表示“下不为例”。因为即便是用过的炸药箱也属于公家物资，且还能继续使用。当时购买炸药箱需花多少钱，都是经过工地财务人员核算出来的。“我怕将来说不清楚。”自掏腰包的干部彭士俊索性将收据贴在箱子盖的内侧，一直保留到今天。

这个木箱子的故事只是红旗渠无数感人故事中一个小小的细节，也是红旗渠账目明晰、制度严格的一个缩影。但透过这个细节我们所看到的，是红旗渠 10 年修建过程中，那严格的财务管理制度，真正令人震撼！

红旗渠纪念馆馆藏的当年炸药箱（拍摄／刘陶）

半个多世纪前的林县县委，就立下了收支留据、笔笔可查的规矩，进出的每一分钱都被“关”进了“制度的笼子”里，所有物资都进行精确的分类管理。物资的调拨、发放都有严格程序，每一笔账目都精细到小数点后两位。

“爆破石头的炸药量都是有数

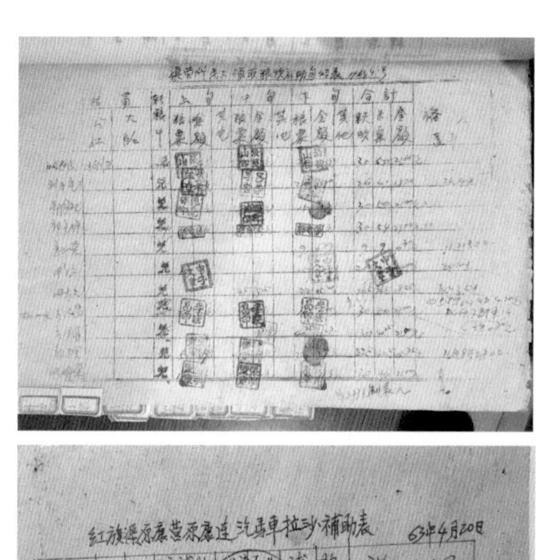

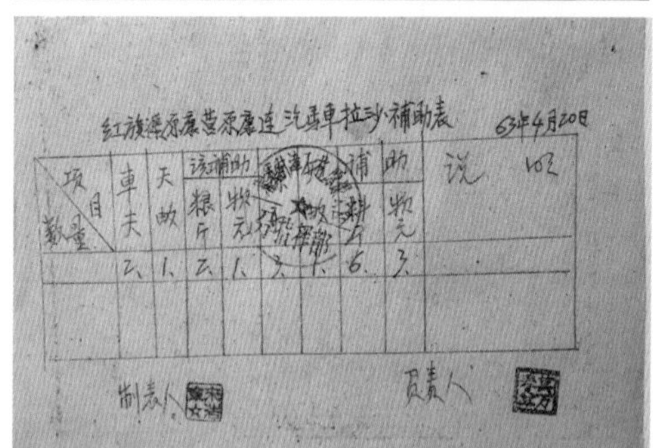

红旗渠原康营原康连汽马车拉沙补助表　63年4月20日

项目/数量	车夫	天数	该补助 粮斤	粮元	[illegible]	[illegible]	补助 [illegible]	粮元	说明
	云	1	云	1	3	1	6	3	

制表人　　　负责人

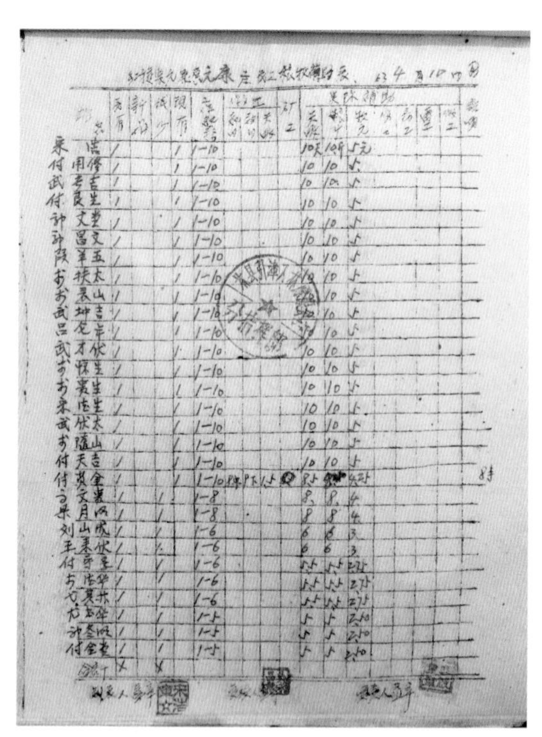

当年清晰可见的单据（提供 / 周锐常）

的，工具无故超损要赔偿。”特等劳模张买江记得很清楚，根据石头密度不同，规定的炸药使用量有严格要求，鼓励节约，超用不补。

“修渠物资分类管理，出入有手续，调拨有凭据，月月清点。”曾任红旗渠工程指挥部办公室主任的王文全介绍，粮食、资金补助的发放程序也很严格，根据记工表、伙食表、工伤条等单据对照执行，几乎不可能虚报冒领，也没有人虚报冒领。

这项历经10年、投资近亿元的重大工程，参加修渠的各个工地领导干部大小也有上千人，这么多工作岗位，这么多协调环节，可在大量的资金和物资使用上，从没有发生过一次请客送礼、挥霍浪费的情况，更没有一个干部失职渎职或是贪污挪用一丝

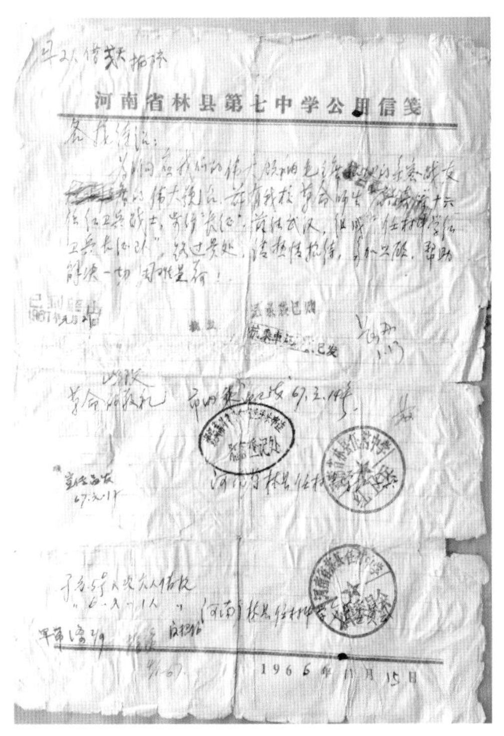

河南省林县第七中学公用信笺

1966年11月15日

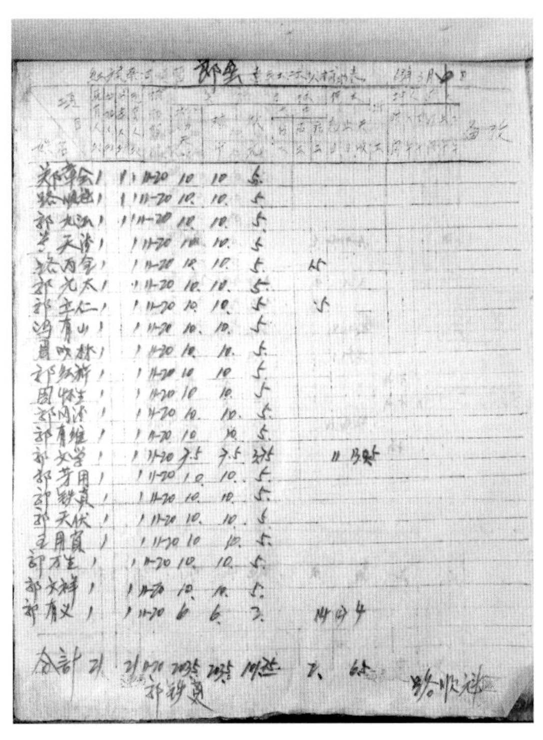

一毫的钱粮物资，连账单都有整有零，如此清晰，经得住历史的审视和考量。

把纪律作为管党治党的尺子、不可逾越的底线，早在半个世纪前的红旗渠建设中就得到了很好的贯彻。严格的管理制度让干部不能腐，务实清廉的意识让干部不想腐。当今天的人们看到新闻中重大工程有干部贪腐时，应该回首看看红旗渠，没有红旗渠工程里的廉政奇迹，就不会有“人工天河”的世界奇迹。不要说那是很久以前，也不要说那是个特殊年代，历史是真真切切的，过去留给现在的成果也是不可辩驳的。正是由于党的坚强领导，林县县委真正做到了自律的高度自觉和规范的严格恪守。

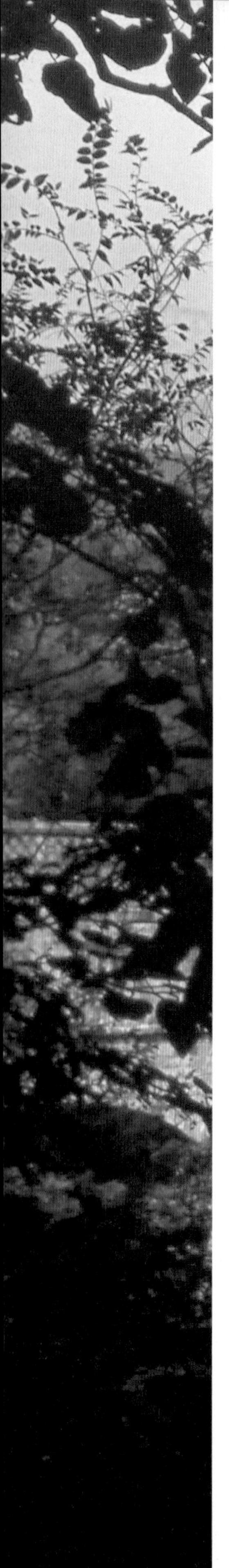

十大工程之 桃园渡槽

SHI DA GONGCHENG ZHI
TAOYUAN DUCAO

◎天公抖擞叹神奇

◎心中有党勇担当

◎责任承诺示良心

50 多年后仍在使用的桃园渡槽（拍摄 / 李俊生）

桃园渡槽（提供 / 周锐常）

每当遇到艰难问题时，红旗渠工地上的党支部就组织学习，这样的学习，有人称之为“诸葛亮会”——通过集思广益，共想办法，以共振士气，共克难关。

红旗渠总干渠竣工后，一、二、三干渠向着林县境内各地延伸着。一干渠蜿蜒前行，走到了桃园谷，这里将要建一座整个红旗渠相对高度最高的渡槽。刚建的时候，难题一个接着一个。有人说：“我在书本上都没有见过这样的桥。”但是，修建桃园渡槽的建设者们自豪地回答：“咱们把桥建成后，写到书里去，书本上就有了。”

承建：采桑公社南景色大队、南采桑大队和下川大队

时间：1965 年 9 月 25 日 —1966 年 4 月 1 日

地点：现河南省林州市西南桃园村附近

建设者们紧张地忙碌着（拍摄 / 魏德忠）

修建中的桃园渡槽（拍摄 / 魏德忠）

红旗渠图志 天公抖擞叹神奇

从桃园河谷流过的是黄华河，这是一条季节性河流，平时还很温顺，一旦进入汛期，就会立刻变脸，脾气十分暴躁，洪流滚滚，浊浪滔天。而且桃源河谷宽近百米，岸陡谷深，站在下面往上看，想要修到渡槽的位置，起码有20多米，相当于七八层楼高。当地老百姓说："平时过河要绕好几里路，到了汛期根本不能通行，闹得两岸自古不结亲，隔河不种地。"

渡桥如何设计？第一个难题出现了。工地党组织和技术设计人员琢磨商讨，老百姓的一句话打开了思路：要是通渠水也能走人走车，就太好了。但只有思路还不够。一位老人说："小水沟上放一根石条，就能经得住人走车压，如在渡槽上加个盖儿，搞个空心桥，不就既能通水又能通车了吗？"这番话令设计人员茅塞顿开。设计方案很快拿出来了，把渡槽和渡桥合二为一，第一个难题顺利解决。这也是桃园渡槽又被称为"桃源渡桥"的原因所在。

随之而来的问题是，泥沙怎么解决？红旗渠的水引自浊漳河，一个"浊"字就可见泥沙量必然不小。明渠还好办，可以清淤，但渡槽变渡桥，暗渠清淤就成了大问题。设计人员冥思苦想，突然想到，水流湍急的地方没有泥沙沉积！于是他们马上进行试验，按照测试结果，把渡槽的落差加大到1：1 700，泥沙淤积问题一下子就可以解决了。

解决了这个问题，新的难题又出现了。这座渡槽不仅要承受渡桥的压力，还要承受汛期洪水的冲击力。设计人员反复考量，最后把桥墩迎水面改成三角形，在不减少桥墩承受力的同时，大大减少了洪水对桥墩的冲击力。

设计中的难题一一解决，施工中的难题又接踵而来。想要修成长 100 米、高 24 米、由 7 个桥墩组成的渡桥，就得搭脚手架和拱架。这样至少需要 3 000 根上好木料，但红旗渠全线施工，各个工地都材料紧张，上哪弄得到那么多木料？

采桑公社分指挥部指挥长郭增堂和技术员秦永录及南采桑、南景色、下川三个大队的连长组成攻坚小组，他们一起学习《实践论》，反复讨论和研究。根据“立木顶千斤”原理设想出改接双梁搭架为通渠接架、借助桥墩代替顶梁柱的“简易拱架法”。就是民工蹲在渠墙上砌，高处砌桥墩的人则采取系安全绳保护的办法。这样不仅节省了 2 000 多根木料，而且提高了施工效率。

施工起架，又遭遇一个新问题：两桥墩相距 8 米，这么长的木料根本没有啊！从其他工地赶来，参与桃园渡桥建设的路银想出来一个

当年民工使用的铁锹（提供 / 周锐常）

火热而紧张的修建场面（提供 / 周锐常）

50 多年后的桃园渡槽（拍摄 / 周锐常）

好办法：在两个桥墩上砌几对又厚又长的石条，从桥墩伸出 0.6 米，相对距离就能拉近 1.2 米，稳稳地架住了大梁，既帮助起架，又不影响桥墩的垒砌，一举多得。

桃园渡桥就是靠建设者的聪明才智，于 1966 年 4 月 5 日顺利竣工。鲁迅曾说过：地上本没有路，走的人多了，也便成了路。林县人脚下是悬崖绝壁、乱石荆棘。他们就是靠自己，迎难而上，硬是在没有路的地方走出一条路，硬是在不能建渠的地方凿出一条渠。

工程数据 GONGCHENG SHUJU

桃园渡槽为红旗渠上相对高度最高的一座建筑物。因横跨桃园河谷而得名“桃园”，原为渡槽，因一桥四用也被称为“渡桥”。其长100米，宽6米，最高处24米；共7孔，每孔跨度8米，桥拱券厚约0.5米；两侧槽墙高2.7米，底宽2米，顶宽1米，纵坡坡比为1/1 700，设计流量6.8立方米/秒；顶部为现浇钢筋混凝土桥板，路面宽4.6米；上连涵洞长100米。共挖土石5 400立方米，砌石5 600立方米，投工6万个，当时用款5.4万元。

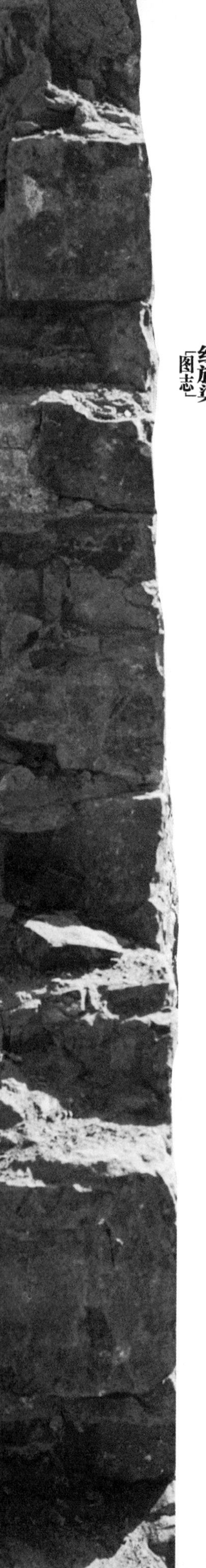

心中有党勇担当

工地上的基层党员把责任放在心上，把工作抓在手上，把任务落到实处，时时以身作则，处处严于律己，把党的组织领导转化为组织优势，形成了强大的凝聚力，成为修建红旗渠的骨干力量。采桑公社分指挥部指挥长、年过半百的郭增堂如此总结："干部敢下海，群众敢擒龙。"他用自己的行动，给大家做出榜样；他以自己的勇敢，给民工们传递出困难面前无所畏惧的信心。

郭增堂是出了名的铁面无私，对工程质量要求特别严格。说起他，修渠民工中流传着一句风趣的话：把好质量关，宁叫老郭笑，别叫老郭闹。每当郭增堂检查质量时，干得好，他高兴得满脸笑容；质量不好，他两眼一瞪，一顿批评不说，还得让人返工。质量关很重要，但郭增堂这种严格的作风和态度，也不是一开始就能得到其他人的认同，尤其是被要求返工的民工，对他的意见很大。"难道真的是要求太苛刻了吗？"这个疑问不是没有出现过。郭增堂非常清楚，红旗渠对林县人有多重要，对林县的百年大计有多重要。所以，严把质量关，他绝不能松懈。他敢于负责，敢于担当。他很清楚，如果今日松个口，来日不定哪天就会坑了子孙后代！为此，郭增堂想到了思想教育，如果让每个修渠民工都认识到

铁面无私的郭增堂（拍摄 / 魏德忠）

质量的重要性，认识到红旗渠对子孙后代的意义，思想就有了认识，行动就会更自觉，自然而然，工程质量就上去了。郭增堂是这么想的，也是这么做的。事实证明，党员的带头作用和思想政治工作很重要。

在资源极其有限的情况下修建红旗渠，恨不得每个钉子都用在最急需的地方。因此，节约是红旗渠工地里一项重要的工作目标。每个工程结束，郭增堂都一车车地往回拉物料。他所领导的分指挥部，是全线节约做得最好的单位。为了节省木料，郭增堂还和大家一起动脑筋，研究出一个“简易拱架法”，进而能够克服搭脚手架木料短缺等问题。

只有心系党和集体的人，才会这么负责和算计。默默耕耘的郭增堂奋战在工地的第一线，党指向哪里，他就会组织民工干到哪里。而且，他还带出一批有勇有谋、敢闯敢干的好干部，也带出一批能征善战、不畏艰险的民工队伍。

同心协力（拍摄/魏德忠）

图志红旗渠　责任承诺示良心

百年大计，质量第一。修筑在悬崖峭壁上的红旗渠，引的是浊漳河的水。浊漳河流经黄土高原，携沙量很大。要使渠道不淤塞、渠底不坍塌、渠岸冲不垮，就要严把质量关。

河南省委领导一直很关心红旗渠的建设，时任省委书记处书记的杨蔚屏曾到林县实地调研，且强调杨贵和林县县委同志不得陪同。从田间地头到食堂仓库，从农家小院到修渠工地，杨蔚屏欣喜地听到群众的心声，但同时也为红旗渠能否成功引水捏了一把汗。杨蔚屏嘱咐杨贵，一定要确保红旗渠的勘测设计和施工的准确和科学。他语重心长地告诫："一旦出了问题，那就是你的罪过了。到那时，你不仅对上不好交代，林县人民会世世代代埋怨你。"

其实，从动工以来，杨贵的心就一直吊在嗓子眼儿。听了杨蔚屏的话，他第二天就找来县水利局的干部，对渠线再次进行测量。并且强调：无论过去测得怎样，现在必须重新测量计算，做到万无一失！十几天后，测量结果出来了，与原来一样，杨贵这才把心放下。测量设计的质量关过了，施工质量更要一丝不苟。杨贵、马有金对红旗渠的质量尤为关注，有了精心测量、精心设计，更要有精心施工，这才能有好的结果。

杨贵再回林县，与当年参加修渠的民工和当地群众唠起家常（拍摄 / 魏德忠）

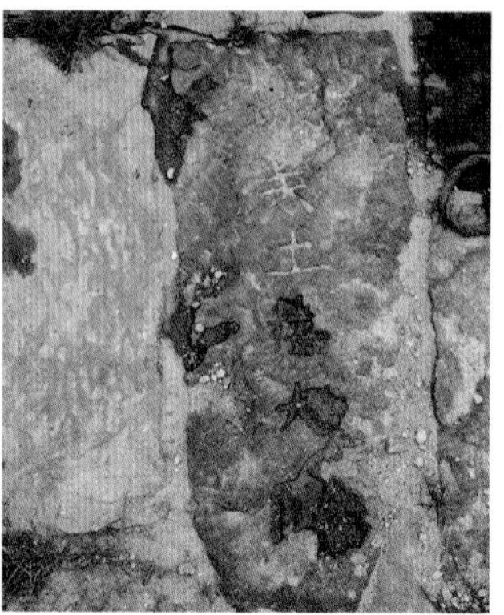

当年修渠时留下的责任界碑（拍摄 / 周锐常）

杨贵提出了“严把工程质量，达到千年不倒、万年不漏、永久无损”的目标要求。每期工程开始前，红旗渠总指挥部和工地党组织都要下达统一的施工细则，爆破有规范、垒砌有要求、和泥有标准……甚至渠道、渡槽、隧洞所用的石头尺寸都有标准和规定。马有金带着一根钢钎经常走在修建好的渠道上，仔细检查各处质量，发现不合格就立即返工。

每期、每段工程竣工验收后，负责承建的公社、大队都要在渠道、水利建筑物旁刻字或是立一块石碑，这就是红旗渠特有的“责任碑”。林县县委在那个年代就有长远的思考、负责任的安排，点滴之间透视出这个县委卓越的思想水平和领导能力。杨贵说：“这块小石碑既是建渠民工功绩的记载，也是红旗渠永久性的质量标志。30年内渠道出了问题，当初谁负责修建，还要谁负责重修。”

无论是公社还是大队，他们把“责任”二字以最硬气的笔触镌刻在石头上，跨越半个多世纪的时光磨砺，依然清晰地展示在世人面前。有部分责任碑上还有修渠者的名字，真名实姓至今还能找到。这责任碑虽小，却是中国农民最诚实而厚道的承诺。

这种堪称苛刻的责任碑，诠释了敢于负责的精神，是中华民族大国工匠最真实的底气。也正是因为有了这样坚定严谨的底气，才有了今天依旧流淌着活力与激情的中国奇迹！

十大工程之 曙光洞

SHI DA GONGCHENG ZHI
SHUGUANG DONG

◎竖井分段作业法
◎无私奉献山凿穿
◎自力更生见精神

曙光洞（拍摄／周锐常）

曙光洞（翻拍自红旗渠纪念馆）

中国人有智慧，又最能吃苦，只要领导得好，什么人间奇迹都能创造！

红旗渠沿着层峦起伏的太行山一路走来，水到之处，一片绿色，生机盎然。虽然林县又逢连年旱灾，但被渠水滋润的田地都获得了史无前例的大丰收。而人称“火龙岗”的东岗公社群众并不高兴，因为渠水被火石山、豹子山、卢寨岭阻隔，东岗公社和河顺公社一样，田地依旧遭受干旱的威胁。以卢寨岭为界限，岭东、岭西截然不同，一边葱绿，另一边却只见枯黄。要想红旗渠的水流到东岗、河顺，就必须凿通卢寨岭，修建整个红旗渠工程中最长、最深的一条隧洞，这也是第三干渠的咽喉工程。

承建： 东岗公社
时间： 1964 年 11 月 17 日 — 1966 年 4 月 5 日
地点： 现河南省林州市卢寨岭，起于下燕科村南、止于东卢寨村东

曙光洞（提供 / 周锐常）

隧洞内面积小，即使艰难也要凿通（拍摄/魏德忠）

红旗渠图志　竖井分段作业法

卢寨岭地质结构复杂，地表岩层坚硬无比，岩层形成过程产生了层间的缝隙，还有酥松的流沙层和断层，易裂隙渗水。一句话，这种地质结构施工时最容易发生塌方。面对这样的工程，仅有信心和耐力是不够的，还必须有足够的技术和应对措施。

承担此工程任务的东岗公社分指挥部，采取竖井分段作业法，沿着渠线打34个竖井，多数竖井有20米深，最深的68米，这样可使工作面扩大到70个。然后从每个竖井内再向两头凿通，把凿洞的工作面连接起来。

竖井凿洞要经过村庄，为了村民的安全，洞里不能放炮，他们就一锤一钎地凿。如果隧洞贯通，不仅可让渠水穿山而过，而且可以直接在竖井里取水。一套工程多种使用，同时还可以让1 300名突击队员同时施工。

东岗公社18个大队的民工分别在各自施工段作业。洞里面积小，抡不开大锤，他们用短锤凿；为了预防塌方，边开洞边做支撑处理；为解决洞底辨认方向问题，用两根绳子系上两根指引方向的木棒放到井里，根据木棒的方向判断井下的方位。

竖井分段作业法示意（翻拍自红旗渠纪念馆）

红旗渠图志 无私奉献山凿穿

1951年入党的东卢寨施工连连长王师存带领民工在34号井施工。在将要凿成的时候，却出现了意外，洞内一块大石伴着无数碎石突然落下。王师存使出全身力气，用肩膀顶住下落的大石，当最后一个人跑出险境，他的肩头已经血肉模糊。他说："我一个人扛着，就是死了也不影响大家修渠。"

王师存顶住的是下落的岩石，扛起的却是坚忍，更是担当。石灰和泥浆灼伤了双腿，受伤的身体血肉模糊，但王师存无畏无惧奋战太行，纵然伤痕累累，也没有后退。

拿下34号井后，王师存又去找分指挥部领导请缨："把26号井任务也交给我们吧。"

26号竖井是34个竖井中施工难度最大的一个，施工环境恶劣，流沙断层多，渗水严重。王师存是凿洞能手，攻破这个险段非他莫属。

不过，分指挥部领导也有要求："作业环境很危险，你必须做出保证，带几个人去就要带几个人安全回来。"

王师存果断回答："我保证。"

在26号竖井施工十分艰难，可谓险象环生。当平洞打到100米的时候，塌方又一次发生了。这一次，碎石瞬间堵死了洞口，王师存与一名叫黑旦的民工被困在里边。洞外"轰隆隆"的响声渐渐消失了，洞内的空气渐渐稀薄；马灯的火苗越来越小，最后的光亮熄灭，黑暗袭来就如坠入深渊。王师存一边鼓励着同伴，一边敲击着洞壁，寻找碎石堵住的洞口，"只要有一口

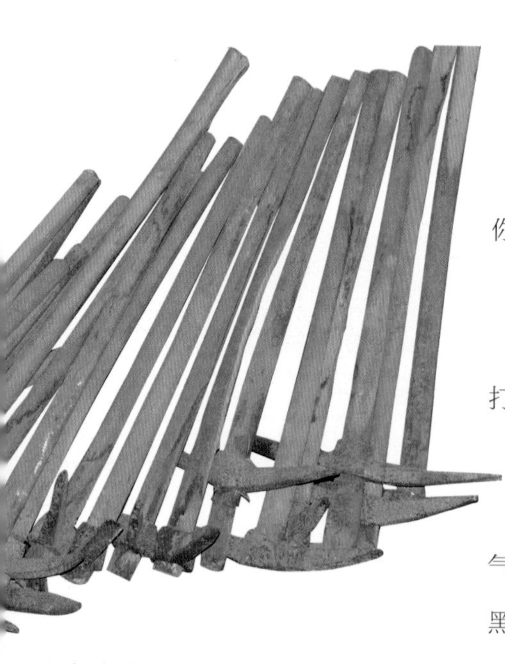

当年修渠民工使用的部分工具
（拍摄／周锐常）

隧洞中打钎的王师存（拍摄／魏德忠）

为修渠舍生忘死的王师存（拍摄/魏德忠）

气就不能停止自救”。两人用力扒开坠石，不停地敲击洞壁。时间在一分一秒地过去，外边的人听着敲打石壁发出的声音判断坍方准确位置。终于，阻塞的洞口裂开了缝隙，曙光照进了洞里。

类似这种险境，王师存竟遇到过7次。每一次他都是身处绝境不绝望，身处绝地有决心，正是这种奉献构建了坚忍的红旗渠精神。死里逃生之后，他依然会再次钻进洞里。因此，他特别重视隧洞的安检。每次上工前，他总是先下洞检查一遍，发现安全隐患及时排除，确定绝对安全才让民工下去作业。本来他可以要求组织提供一支手电，但他还是去供销社卖掉家里的鸡蛋自己买了一支。

施工到后期，顺山而下的水在洞内越积越多，同石灰搅成泥浆。这么恶劣的施工环境，王师存带领民工泡在里面，腿被泡烂，流脓淌血，没人喊过一声疼，没人叫过一声累，仍在坚持日夜苦干。终于，1966年4月5日，

曙光洞内的施工场景（翻拍自红旗渠纪念馆）

承载着希望的曙光洞胜利竣工。

在红旗渠建设中，就是这样忠诚党的伟业、无私奉献的党员干部，挺起了建渠的脊梁，起到了精神引领的作用。他们之所以这样做，是因为他们所理解的无私奉献就是把建成红旗渠看得高于一切。

工程数据 GONGCHENG SHUJU

曙光洞是红旗渠第三干渠穿过卢寨岭的隧洞，也是红旗渠最长的隧洞。由于该隧洞经过村庄，不能使用炸药，因此几乎全是人工完成。曙光洞全长 3 898 米，宽 2 米，高 2 米，纵坡坡比为 1/1 000，设计流量 3.1 立方米 / 秒。为便利施工，挖凿有 34 个竖井，其中 20 米以上的竖井有 23 个，最深的 18 号竖井，深 61.7 米。共挖凿山石 3.08 万立方米，砌石 0.9 万立方米，投工 25 万多个。

红旗渠图志 自力更生见精神

幸福是奋斗出来的。红旗渠就是在党的坚强领导下，林县人民自力更生、自强不息、艰苦奋斗的成果。在党的领导下，为了早日改变缺水的现状，林县人民发挥出极大的创造热情。

没有石灰，自己烧。石灰石是凝固建筑的重要材料，红旗渠也不例外。因资金困难，水泥价格贵，货源少，民工们就自己烧制石灰，并且创造出“明窑堆石烧灰法”。这种方法不需要建造固定的石灰窑，可依据本工段需求量，任意定规模，就地取材，就地烧制，随用随烧，缩短运距，保证工程需要。

没有火药，自己碾。红旗渠这么大的工程，炸药是放炮取材的重要材料，施工中自然需要大量的火

运送水泥（拍摄／魏德忠）

药。可是，当时国家供给有限，林县预算也捉襟见肘，没钱去外地购买。大家共同献计献策，认为自家山区早就有“一硝二磺三木炭”自造炸药的传统技术。抗日战争和解放战争时期就曾用土炸药做石雷抗击过敌人。于是，县里就把战争年代的一些老游击队员、在军工厂工作过的老军工和做过鞭炮火药的工人找来。各村、公社把分配给自己的硝酸铵化肥也都送到工地来，掺上锯末、木炭等，用石碾子做土炸药。即便是这种土炸药，工地也必须省着用。他们总是用最有限的资源，发挥最大的效用。炸药质量也不断提高。

没有粮食，捞水草。1960 年的

用石碾制作火药（提供／周锐常）

大旱，给红旗渠的建设者们带来很大的压力。本就干旱成灾，还要修渠，能让民工填饱肚子，是头等大事。但现实是残酷的，即便林县县委派出的采购人员跑到福建等外省筹措粮食，幸运地获得些碎大米、木薯干等援助，也依旧杯水车薪。这样，上山找野菜，下河捞水草，便是常事。但凡能吃的野草、树皮、野果、米糠……都不放过。有一次，指挥长王才书发现民工吃的窝窝头很松散，怕大家吃不饱，就去厨房询问情况。负责做饭的炊事员很无奈地告诉他：粮食太少了，混杂的东西多，不管做的时候握得多紧，蒸熟的都是这么松散。王才书听完，很抱歉地说："是我错怪你了。"在这种吃不饱的日子里，还要承担繁重的建渠任务，林县人民的奋斗精神可见一斑。

变废为宝，石渣不浪费。修建

群众自力更生，没有抬筐，就自己编（翻拍自红旗渠纪念馆）

红旗渠，不管是开山还是修渡槽、凿隧洞，石渣都是大问题，就地堆放不仅占用良田，而且也危害环境。杨贵和马有金要求“出渣不见渣”，所有的石渣都没有被浪费，而是变废为宝，用石渣修梯田，做路基。红旗渠修到哪里，就建设到那里，渠带来的不仅是水，还有田地、林地、公路……

2004 年，“红旗渠精神巡回展”在上海展出，“铁锤、提灯、小推车”，这些现代都市人已难得一见的物件被摆放在时尚前卫的展馆里。诞生在艰苦时代、艰苦环境下的红旗渠精神，引起了人们的认真思考：在实现中国梦的新征途上，需要呼唤一种怎样的时代精神来推动民族复兴？参观过“红旗渠精神巡回展”后的人们找到了答案，那就是自力更生、自强不息、艰苦奋斗！

俯瞰红旗渠（拍摄 / 周锐常）

十大工程之

夺丰渡槽

SHI DA GONGCHENG ZHI
DUOFENG DUCAO

◎夯实基础集石料

◎精雕细锻工艺品

◎英雄人民何所惧

夺丰渡槽（拍摄 / 魏德忠）

夺丰渡槽（拍摄／魏德忠）

在建设红旗渠的过程中，遇到许多意想不到的困难，但林县人民在党的领导下，发扬一不怕苦、二不怕死，自力更生、艰苦奋斗的精神，闯过了一个又一个难关。人民群众是真正的英雄。

1965年，对林县人来说，绝对是不平凡的一年。虽然是红旗渠总干渠通水了，极大鼓舞了人们继续修建红旗渠的信心，但是，这一年从4月到9月，大旱再袭，老天爷连一滴雨都没给林县。通了渠水的地方，禾苗油绿；没通水的地方，焦金流石，眼看着又要绝收。如此鲜明的对比，水给予的恩与痛深深地扎在林县人的心里。

正是在此时，修建中的红旗渠第二干渠蜿蜒至河顺镇，要在东皇墓村东北一带地形复杂的丘陵中修一个很长的渡槽，渡槽中间还需要越过一个山丘，分为上下两段，工程量很大，施工条件也极其艰苦。

承建： 河顺公社

时间： 1965年12月1日—1966年4月5日

地点： 现河南省林州市河顺镇东皇墓村东北

修建渡槽（拍摄 / 魏德忠）

夯实基础集石料

东皇墓村一带地势复杂，红旗渠水到达河顺公社就要修一座很大的渡槽。这是红旗渠建设中最长的一座大渡槽，全长413米，高14米，工程量大，施工条件艰苦。用今天专家的目光来审视，这座渡槽工程光设计就得8个月，并且因缺乏现代化的运输工具，仅从2.5公里之外运送石料就得花费1年的时间。

面对如此艰巨的任务，河顺公社的民工们没有气馁，在工地党组织和指挥部的领导下，他们反而决心更大，

放学的孩子帮助运石头（翻拍自红旗渠纪念馆）

运石组运石料（翻拍自红旗渠纪念馆）

信心更足。每天出动牲口700多头、畜力车600多辆，从五里外的山上运石料。

那时根本没有路，有些地方甚至很陡，牲口拉着四五块数百斤的巨石，赶车人一个没留心，车和牲口就会一同栽下去。即便如此，他们仍顾不得危险，一趟一趟地往返；就连放学后的孩子们，都会主动去扛一块石料送到工地。专家预估的“1年”运石料时间，河顺公社的群众只用了1个月就完成了。

自力更生，土法上马，修建夺丰渡槽（拍摄/魏德忠）

施工中的夺丰渡槽（拍摄 / 魏德忠）

图志 红旗渠 精雕细锻工艺品

整个工程都用大青石砌筑而成，工程大，需要雕琢的石料多，尤其是渡槽的桥墩超出地面，就用“寸三道”“五面净”的大青石垒砌，质量要求 40 厘米凿 20 道斜纹，35 厘米凿 17 道半斜纹。河顺公社就用老手带新手，老石匠先雕样板来，新手照着学，一锤一锤地解决了石料问题。没有木料、工具，就队队户户筹集；没有抬筐，就去山里采枯藤，自己编；没有石灰，就自己烧，当地人管这种石灰叫“破灰泥”，名字不好听，但质量却很高。

打好了基础，备好了料，开始用木头搭架子向上运石料，4 个人还能抬上去，但随着高度渐渐升高，运送沉重的石料成了难题。民工们受吊杆汲水和农村建民宅的启示，做出“土吊车”——竖起悠杆当吊车，把石料吊上去。拉绳子、拽悠杆是个很辛苦的活儿，5 个人为一组拉绳子，太重太高就几组一起上，手臂、胳膊拉肿了，磨出

夺丰渡槽施工场面（提供 / 周锐常）

鲜亮的血泡……不拉绳子的间歇，他们就和泥、抬水，一刻也不耽误。

125 天后的 1966 年 4 月 5 日，工程胜利竣工。由于这座渡槽是在人们极度渴望通水、夺取丰收的意愿下建成的，因此被命名为“夺丰渡槽”。夺丰渡槽由于设计宏伟，加之石料全部精细选雕，垒砌质量又高，整座建筑物雄伟壮观，后被称之为“红旗渠上的工艺品”。

正在拉杆起吊的“土吊车”（拍摄 / 魏德忠）

石匠们处理石料都是一丝不苟（翻拍自红旗渠纪念馆）

G 工程数据 ONGCHENG SHUJU

夺丰渡槽是红旗渠第二干渠的咽喉工程。总长413米，宽4米，最高14米；单孔跨5米，共50孔。中间越一小丘，分为上下两段：上段17孔，长172米；下段33孔，长241米。夺丰渡槽过水断面高1.8米，宽1.7米，纵坡坡比为1/900，设计流量2.7立方米/秒。河顺公社组织14个大队，每日出动劳力3 100名，牲畜750头，大小车辆600多辆；共挖土石0.5万立方米，砌石1.02万立方米，投工21.5万个，用款12万元。

红旗渠图志 英雄人民何所惧

当人民群众真正理解和认识到，只有跟着中国共产党才会翻身得解放，才会引来幸福水，才会过上好日子的时候，这个道理就会深深地扎下根。于是，他们就会以自己的行动，义无反顾地加入这场改变命运的决战。

历史留给这里的是什么？干渴贫瘠的土地，荒凉苍茫的山川。正是在党的领导下，这里的人民要靠自己的奋斗去改天换地，去改写几千年的荒旱史。当林县人用 10 年的苦战，真的让漳河水穿过太行山的峭壁呼啸而来的时候，就已经把人民的力量写进了共和国的档案里。

这力量，能用简单的工具去劈开大山、筑坝截流；这力量，能把天方夜谭变为天河奇迹；这力量，能够按照老百姓的意愿牵着龙王爷的鼻子走；这力量，能把别人的不敢想、更不敢做变为壮举。这力量，凝结的就是卓尔不群屹立于天地之间的民族之魂。林县人民就是凭借着这种力量，形成了洪流滚滚的排山倒海之势，形成了战胜一切艰难险阻、压倒一切困难的巨大能量。人民群众具有无限的创造力，他们是真正的时代英雄！

人民，只有人民，才是历史发展的真正动力。人民的力量就是创造历史的力量，就是实现中华民族伟大复兴的力量！英雄遍地，一派豪气。人心所向，所向无敌！

又一批民工自带工具上山修渠（拍摄 / 魏德忠）

艰苦奋斗的林县人民（拍摄／魏德忠）

十大工程之

红英汇流

SHI DA GONGCHENG ZHI
HONG YING HUILIU

◎星罗棋布欢流急
◎三代修渠有传承
◎梦想成真载史册
◎众人拾柴火焰高

红英汇流（拍摄／周锐常）

红英汇流（提供/周锐常）

党的领导如春风化雨，细密地渗入工地的方方面面，才有了红旗渠这个社会主义新中国的标志性成就。

红旗渠不仅把漳河水引入林县，更与过去的水利工程相结合，交织出灌溉全境的水利网络。其中，1958年建成的英雄渠就是与之水脉接连贯通的重点工程。红旗渠一干渠竣工通水到黄华后，实际上就已经和英雄渠汇合，不过那里只是英雄渠的第一分支的渠线；红英汇流，则是红旗渠和英雄渠的主渠道汇合。所谓红英汇流，其“红”，是指红旗渠一干渠；其“英”，是指英雄渠。

承建：合涧公社
时间：1964年4月
地点：现河南省林州市合涧镇西

红旗渠与英雄渠交汇，澎湃湍急，十分壮观（拍摄 / 魏德忠）

劈开太行千重山（拍摄 / 魏德忠）

红旗渠图志　星罗棋布欢流急

红英汇流这个工程看似简单，但技术性很强。因为英雄渠早已竣工通水，所以选择两渠汇流的施工点就必须迁就英雄渠。第一，考虑地势问题，汇流点的高度必须低于红旗渠一干渠的坡度，保证渠水继续向下流淌；第二，两渠的水流量不同，必须保证英雄渠的水不能倒灌到红旗渠内。这样，红旗渠一干渠和英雄渠才能顺利汇流。

这又是一个重点工程，承担修建任务的是合涧公社。但是，合涧公社一没有水利专家，二没有施工图纸，必须全部靠自己解决问题。施工连技术员李栓才抓住问题关键，那就是首先要确定汇流点。在红旗渠工程工地总指挥长马有金、“土专家”路银等人的帮助下，他们运用自己创造的土办法，数次进行测量，找出了精确的汇流点，使汇流点略低于一干渠的坡度，渠线缓流顺下。

路银又对汇流处两进一出的闸门

一有空闲，马有金就和民工一起抡锤打钎（提供／周锐常）

欢乐的时刻（拍摄 / 魏德忠）

进行了独具匠心的设计，使其既合理又美观。红英汇流高高的闸楼上，书写着“红英汇流”四个大字；闸房内安装有一个 3 米多宽的大闸门，在上面还安装有几个稍小一点的闸门，控制着两渠的水，使其汇成一处，形成一个大的瀑布，水势翻腾，蔚为壮观。

1966 年 4 月，一干渠竣工通水，红英汇流至油村段改称红英干渠，可灌溉合涧、原康、小店、东姚、采桑、城郊、横水 7 个乡镇 16 万亩耕地。

G 工程数据
GONGCHENG SHUJU

红英汇流是红旗渠上的著名工程，因与英雄渠交汇而得名。英雄渠于1958年竣工，自嘴上村西到红英汇流处长11.4公里，设计流量8立方米/秒。红旗渠一干渠自分水岭沿林虑山东侧向南，经水河、黑龙庙、田家沟、黄华、桃园、北小庄、温家掌等村到合涧镇上庄村南止，与英雄干渠汇流后，下称红英干渠。红英干渠长11.8公里，渠底宽4米，渠深2.3米，渠底纵坡坡比为1/2 000，设计加大流量9立方米/秒。共挖土石17.1万立方米，砌石4.68万立方米，投工56.5万个。

渠水奔涌，梦想成真（拍摄／魏德忠）

三干渠通水典礼（拍摄／魏德忠）

红旗渠图志　三代修渠有传承

距离红英汇流不远处就是红旗渠合涧渠管所，这里的工作人员就是守渠人。虽然时间已经过去半个多世纪，但他们日日夜夜守护着渠水，疏通渠道、维护渠岸、开闸放水。其中有一个人名叫张守义，年过不惑的他从 1998 年在那工作起，就把他的全部身心都献给了红旗渠。他是红旗渠建设者、特等劳模张买江的儿子。可以说，张家三代对红旗渠都有着不一般的情感。

张守义的祖父张运仁是当年第一批参加红旗渠工程的修渠者。张运仁很能干，不论是抡锤打钎还是捻钻

张买江（拍摄／李俊生）

修车，样样出色。1960 年 5 月 13 日的傍晚，收工时还有一炮未响，张运仁就看到很多民工已离开隐蔽场所。他连忙跑出去警告：“还有一炮没响，赶紧隐蔽！”光顾着别人的安全，他自己却被突然爆炸迸射的飞石击中头部，当场牺牲。因死状极惨，安排下葬的干部甚至都没让张运仁的妻子赵翠华和孩子看他最后一眼。

当时，张家最大的儿子张买江刚刚 11 岁。世代受水所苦，张家人对水更加期盼。两年后，赵翠华看着已经长大并有了些担当的儿子，做了一个艰难的决定：子承父业，送儿子去修渠！ 13 岁的张买江从母亲那一句“不把水带回村，你就别回来”的嘱咐开始，以无所畏惧的勇气挑起了继续修渠的重担。这勇气，来自祖辈的千年期盼，来自母亲的殷切希望，来自父亲的未了心愿；这重担，让还是小小年纪的张买江有了人生的目标，也有了力量的源泉。

作为工地里年纪最小的民工，刚开始，大家都很照顾他，只让他做些轻松的工作。但张买江人小志坚，踏实肯干，不怕苦，不怕累，在工地之间来回奔波。母亲新做的鞋不到一个月就磨破了，张买江就用废旧的汽车轮胎制成鞋穿在脚上，时间长了，脚底板磨出又厚又硬的茧子。张买江想学放炮，但大家都知道他的父亲死于放炮，谁都不肯教。张买江不肯放弃，最终一位老炮手被他打动，教他放炮的各种技法：做炮捻、控制放炮速度，数数记响炮的时间，防哑炮和排哑炮，也教会他怎么躲避。张买江从最轻松的搬运活儿到令人震惊的一天点炮 72 眼，在工地一干就是 9 年，中间连半天假都没请过。

新华社记者穆青来到工地，看到年幼的张买江与几个成年人一起背

林县老人向孩子们讲述当年缺水的经历（拍摄 / 魏德忠）

通水了，张买江从本村池塘担出第一担水（翻拍自红旗渠纪念馆）

水，分量足足有120多斤时，惊叹之余，给他起了个“小老虎”的绰号。从13岁的小孩子到22岁的男子汉，他一直奋战到红旗渠全面竣工，完成了父辈的传承，实现了母亲的期望。村民都很了解张家对红旗渠的贡献，通水后的第二天早上，打水的村民都静静等待着，当张买江挑起第一担水的时候，他的身后是热泪盈眶的全村人。

张买江对红旗渠的感情很深，他把这份情感与执着传递给了儿子张守义。如今，在红英汇流处修建了一座英雄纪念亭，从这里往下望就是合涧渠管所。年过古稀的张买江还会挥锹，和儿子一起清理红旗渠渠道上的淤泥和杂物，身影依旧是那样的熟悉，步履依旧是那样的坚定。

红旗渠图志　梦想成真载史册

1966年4月20日，林县举行红旗渠三大干渠通水典礼大会，其中一个会场就设在红英汇流。即便之前已经举行过通水典礼，但人们对水的渴望依旧不减，对观水的热情仍然很高。附近十里八村的村民都赶到会场，期盼着水闸抬起、渠水奔涌的那一刻。而在红英汇流，红旗渠的水与英雄渠的水还会撞击在一起，飞溅的水花更把人们的喜悦推向高潮。

杨贵告诫林县人民："我们应当知道，红旗渠是来之不易的。当你用红旗渠水浇地的时候，当你用红旗渠水做饭的时候，当你用红旗渠水发电的时候，当你用红旗渠水加工的时候，千万不要忘记中国共产党的领导，千万不要忘记国家的支援，千万不要忘记兄弟县和兄弟单位的帮助，千万不要忘记红旗渠的每一滴水都是干部和民工的血汗换来的。"

天旱地不旱（拍摄／魏德忠）

红旗渠图志 众人拾柴火焰高

为了红旗渠能顺利施工，在林县县委统一指挥下，机关、厂矿、农村等各行各业都是全力配合、大力支援，千方百计地满足各种需要。大家心往一处想，劲往一处使，目标一致，大局为重。全县动员，一切为了修渠，一切为了梦想。

1964 年以前，由于没有国家立项，加之当时国家经济困难，红旗渠在此期间的修建资金全靠林县自筹。虽然有一定的储备粮、储备金，林县人也努力自备工具，自制火药、石灰，或是外出承揽工程来填补资金。但粮食和物资依旧匮乏，并且随着工程进度的推进，缺口越来越大。为此，林县县委想尽一切办法，调动一切力量，在自力更生的基础上，寻求外援，来自全国各地的援助如涓涓细流，温暖了林县人的心，鼓舞了林县人修渠的士气。

河南洛阳地区的固县有一工程下马，留下了 500 吨炸药、200 万个雷管，得知林县工程炸药、雷管紧缺，就全部无偿转给红旗渠工程使用。当时任林县交通局局长的路永廷组织数百人的运输队，用了几个月的时间，陆续把这批炸药、雷管从固县运到林县红旗渠建设工地。

集体的力量（拍摄 / 魏德忠）

同心协力为一线（拍摄／魏德忠）

修渠民工自备的工具硬度不够，从外地购置回来的钢钎也不行，没打几下就卷了刃，拿坚硬的岩石无可奈何。为此，林县县委领导找到了曾担任过红军团长的顾贵山。他去沈阳军区找老首长求援，弄回来3 000根在抗美援朝战争中剩下的、好钢铸造的钢钎。红旗渠工地的铁匠们把1根钢钎截3段，打成钢钎头，再焊接在原来的钢钎上，这样，3 000就变成了9 000。好钢用在刀刃上，保证了工程的正常施工。

林县不仅机动车辆少，能开车的司机也不多。正好解放军有一支部队在林县拉练，林县县委就去联系，请求部队教练车支援。部队首长不仅安排

军民同修渠（拍摄／魏德忠）

司机和车辆帮助运输煤炭和水泥，还组织战士到工地劳动。解放军与林县人民的鱼水情在红旗渠的修建过程中变得更加深厚。

在粮食最紧缺的时期，曾经在林县工作过的老领导、林县南下干部，都是林县县委求援的对象。他们也毫不犹豫地伸出双手，努力帮林县解决困难，为修渠民工解决短期温饱问题。

河南省委一直很重视红旗渠的建设情况。1961 年底，省委领导拿出省里节约下来的一二百万行政经费，作为资金支援红旗渠建设；后来，省委又支援林县 20 辆解放卡车。

1963 年 4 月，河南省委责成省水利厅对红旗渠工程进行考察。20

运输忙（提供／周锐常）

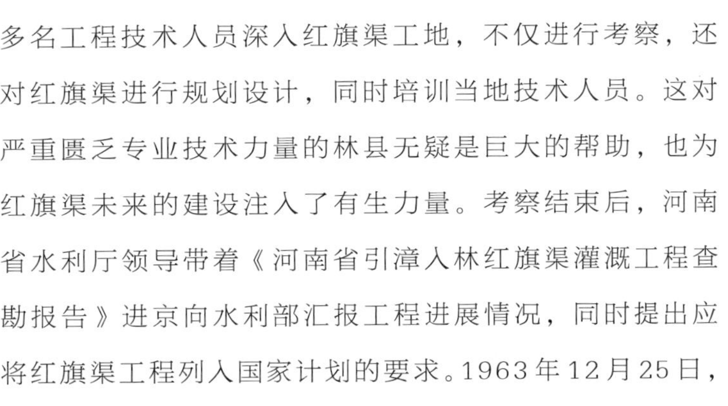

多名工程技术人员深入红旗渠工地，不仅进行考察，还对红旗渠进行规划设计，同时培训当地技术人员。这对严重匮乏专业技术力量的林县无疑是巨大的帮助，也为红旗渠未来的建设注入了有生力量。考察结束后，河南省水利厅领导带着《河南省引漳入林红旗渠灌溉工程查勘报告》进京向水利部汇报工程进展情况，同时提出应将红旗渠工程列入国家计划的要求。1963年12月25日，

社办企业生产的小型拖拉机（拍摄/魏德忠）

虽然他们的名字不能一一知道，但是我们知道他们是建设红旗渠的英雄（提供 / 周锐常）

能工巧匠，各显其能（拍摄 / 魏德忠）

工地技术员（拍摄 / 魏德忠）

悬崖砌渠（拍摄／魏德忠）

国家计委委托水利部做出批复，红旗渠工程从此正式纳入国家基本建设项目，得到了来自中央的支持。

从临近的河南安阳、山西平顺到遥远的福建、湖南、广东，从地方各行各业到解放军部队，从河南省委到中南海，来自四面八方的援助之手，为红旗渠的建设注入了强大动力，支持林县人在艰难岁月里把红旗渠修到底，修成功。这中间体现出来的社会主义大家庭的意识和人与人之间淳朴诚信的关系，让人们感到了贴心和温暖。顾全大局、团结协作是建设红旗渠这条跨省域的水利工程的重要保证。

在悬崖峭壁间施工（提供 / 周锐常）

十大工程之
曙光渡槽

SHI DA GONGCHENG ZHI
SHUGUANG DUCAO

◎一架渡槽迎未来
◎苦战岁月写芳华
◎妇女能顶半边天
◎全线竣工建奇勋
◎跟踪拍摄留珍品

曙光渡槽（拍摄 / 魏德忠）

曙光渡槽（提供 / 周锐常）

承建： 东岗公社
时间： 1969 年 4 月 2 日—6 月 25 日
地点： 现河南省林州市东岗镇丁冶村

中华民族是历经磨难、不屈不挠的伟大民族，中国人民是勤劳勇敢、自强不息的伟大人民，中国共产党是敢于斗争、敢于胜利的伟大政党。

1966 年，红旗渠三大干渠全部竣工了，就像一棵大树，主干长成，接下来要开枝散叶。林县人要通过红旗渠构建以人为本、和谐发展的美好生活。红旗渠配套工程的目标，就是要实现“一渠十带”。

5 月 4 日，林县县委召开全县水利建设配套工程会议，红旗渠配套工程就要开工了！

就在林县人准备乘胜前进的时候，十多天后，席卷全国的“文革”开始了。这给林县带来相当大的影响，包括杨贵在内的很多领导干部和群众相继受到不公正的待遇。但即便如此，林县人追求山清水秀、物美年丰的愿望没有动摇，引水治旱的意志没有动摇。

放眼一干渠（拍摄 / 魏德忠）

自力更生建渡槽（拍摄 / 魏德忠）

红旗渠图志　一架渡槽迎未来

1968 年 10 月，红旗渠配套工程在杨贵的组织领导下再次全面开工。红旗渠总干渠和三大干渠的修建给了林县人极大的锻炼和提高，从胆识到技能都有了根本性的提升。以前需要全县统筹的重大工程，此时一个公社就能承担起来；以前必须公社统一修建的设施，现在几个村甚至一个村就能拿下。红旗渠修建的过程，就是林县人民在党的领导下克服重重困难、自力更生奋斗的过程。

1969 年 4 月，红旗渠第三干渠第三支渠穿山越涧，在东岗被一条大沟拦住了。想要继续前行，就必须修一座 550 米长的大渡槽。这座渡槽规模大，建设难度高，又没有图纸。东岗公社的“土专家”们凭着多年经验，集中集体智慧，拿出了蓝图；没有木料，村民们就把自家盖房用的材料送到工地；没有抬筐，就

施工中的红旗渠配套工程（拍摄 / 魏德忠）

修建之中的曙光渡槽（提供／周锐常）

去15公里外的深山割荆条自己编；外援能调来吊车，但工程款有限，民工们就搭起“土吊车”，完成高空运料任务；工程量大，人员紧张，邻居安阳县都里村的人们自发过来帮忙……

仅仅两个月的时间，这座自己设计、自筹物资、自筹资金的大渡槽就建成了！它的建成，带给林县人们希望与曙光，故命名为“曙光渡槽”。

曙光渡槽是红旗渠第三干渠第三支渠的重要建筑，也是红旗渠灌区配套建设中，群众自己设计、自己施工、自力更生修建的较大建筑物。该渡槽全长550米，最高16米，底宽5.4米，顶宽3.5米；共20孔，其中有3孔的跨径达10米，其余孔的跨径为8.5米；石拱结构；过水断面底宽1.1米，高1米，设计流量1立方米/秒。共挖土石0.69万立方米，砌石1.7万立方米；投工36万个，用款38万元，其中社队自筹资金占92.6%。

苦战岁月写芳华

时代不同了，男女都一样，男同志能办到的事情，女同志也能办得到。在红旗渠修建的工地上，到处都可以看到“铁姑娘”们的身影。当年在10万大军战太行的队伍里，就有一万多妇女参加。她们同男民工一样出大力、流大汗，一样坚忍不屈、勇敢顽强。

郝改秀带头练就了双手扶钎、四人同时抡锤的绝技，人称“凤凰双展翅”，这在红旗渠工地上是一道绝美的风景。四把十多斤重的铁锤同时砸下，震得手腕和虎口裂开，甚至血肉模糊；震得胳膊肿大，有时连衣服都穿不进去。但是，姑娘们没有退缩。

冰天雪地，河水刺骨，姑娘们像男民工们一样，跳进冰冷的河里，拉起“人墙”，拦住汹涌澎湃的浊漳河水。寒风刺骨，洞窄石凉，她们和男民工们一样睡山洞，吃野菜，一样扛石头，下井洞。哪里需要，哪里就会有不甘人后的“铁姑娘”。

为了把三干渠的水引到后山的村庄，东岗公社北角村独自承担了1 050米“在险峰”隧洞的工程任务。韩用娣和姐妹们跟男民工一起抡锤打钎，一点儿不输劲儿。深深的洞内放了炮，浓烟滚滚，需要4个小时才能自然排出。为了赶进度，她们冒险进洞赶烟。当隧洞挖到被视为不可乱动土石的古庙遗址下时，韩用娣打破迷信，第一个进洞施工，被群众称为“铁姑娘”“当代女愚公”。

就在韩用娣带领姑娘们奋战“在险峰”隧洞第一线

凤凰双展翅（拍摄 / 魏德忠）

郭秋英与韩用娣（拍摄 / 魏德忠）

修渠的“铁姑娘”（拍摄/魏德忠）

时，姚村公社水磨山村的郭秋英带着另一支“铁姑娘”队战斗在“换新天”隧洞。这处工程是为了把第一干渠的水引来，要在水磨山村南山上开凿隧洞。当年才19岁的郭秋英带着姐妹们和男民工轮班作业，从抡锤打钎到装药放炮，一样不落。郭秋英扶钎的手被姑娘们打偏的铁锤砸肿了，卫生员从手背上打针消炎，药水就会从手心儿流出来。坚硬无比的石头一锤下去就仅是一个小白点，女人的力气不够，只有多付出辛苦。郭秋英想出了

一个好办法：当钎孔打到核桃大小时，少放一些炸药把孔炸大，这样就能降低劳动强度。“铁姑娘”们用蚂蚁啃骨头的精神苦战着。一年后，终于打通了400米长的“换新天”隧洞。

在红旗渠工地有太多像郝改秀、韩用娣、郭秋英这样的“铁姑娘”，她们战胜困难，创造奇迹。她们的名字也许很多人不知道，但她们和红旗渠建设者一样，为红旗渠建设做出了突出贡献，为改变家乡的面貌付出了年华和汗水，人们将永远铭记她们。

工地“铁姑娘”（拍摄/魏德忠）

面对镜头腼腆的姑娘们（拍摄 / 魏德忠）

巾帼不让须眉（拍摄 / 魏德忠）

红旗渠图志　妇女能顶半边天

半个多世纪过去了，每当提起当年修渠的事儿，艰难困苦在郭秋英的话语中，总会是一带而过。从爽朗的笑声中，能感受到这位老人内心中那种极大的满足。年近古稀的郭秋英双手还会止不住地颤抖，这是当年修渠时落下的毛病。有人问她："你后悔吗？"郭秋英笑着答道："怎么会呢，能参加红旗渠的建设，是我一生中最光荣的事儿。"语气中充满了自豪。"为了后辈不受苦，我们就得先受苦。"那些参加建渠的妇女，多少娇嫩的双手都磨出了老茧，多少瘦削的双肩扛起重重的石料，那些娇小的身躯是怎样毫不犹豫地跳进浓烟滚滚的隧洞？历史的画面让人们感受到撑起半边天的林县女青年，是怎样以自己的血和汗、哭与笑，把"铁姑娘"的称号刻在渠道上。柔弱的"姑娘"二字前冠上一个"铁"字，那就

都愿为红旗渠出把力（拍摄／魏德忠）

是坚忍和坚强的代名词。

只要看到太行山那倔强的山崖，就能知道这里的人们是何等的不服输。红旗渠修建过程中，有一大群和郭秋英一样的女性，她们也许会哭，但绝不认输；她们有时在笑，但并不骄傲。汗水是她们最好的胭脂，泪花是她们最真的妆容。她们是在为一个共同的目标而奋斗。

打通的隧洞、飞架的渡槽、蜿蜒的渠道，都有她们参战。她们和工地的男民工一样，红旗渠的修建有她们不可磨灭的功绩。当时大部分的“铁姑娘”还没做母亲，但苦尽甘来通水时的那一刻，是她们人生最幸福的瞬间！

岁月如烟，有些“铁姑娘”的故事流传了下来，有些却没有；有的人还健在，有的人却已故去。但她们的顽强坚毅，她们的乐观倔强一直都在红旗渠绵绵的流淌中，从未有过改变。

男同志能办到的事情，女同志也能办得到（提供/周锐常）

坚硬的石壁，也没有林县儿女的志气坚、骨头硬（拍摄/李俊生）

红旗渠图志 全线竣工建奇勋

梦想总是在不懈的追求中得以实现。红旗渠干渠、支渠、农渠沿线的水库、池塘星罗棋布，渠连着库，库连着渠。映着蓝天白云、青山绿水，人们把这种配套工程形象地称之为“长藤结瓜”。

1969年7月6日，林县隆重举行红旗渠工程全面竣工庆祝大会。有30多万干部群众参加，他们汇聚到红旗渠支渠各个主要工程周围，整个林县百里山川沸腾了！在林县县城中心会场，隆重庆祝这一伟大工程的胜利竣工，河南省委的领导到场，杨贵做了题为《庆祝胜利，展望胜利》的讲话。

他讲道：红旗渠的全面建成，给林县的工农业生产和人民生活带来了很大变化：一是抗旱防涝能力大大增强；二是发展了水电事业；三是为工业发展提供了优越条件；四是培养了大量建筑人才；五是修了渠，同时也修了路；六是促进了卫生和人民生活。尽管10年来林县人民战胜了种种难以想象的困难，取得了红旗渠建设全面竣工的胜利，但今后仍然要搞水利工程，搞深翻土地，搞渠系配套，再接再厉，争取山区建设的更大胜利。

渠与水库、池塘相连的“长藤结瓜”（拍摄／魏德忠）

跟踪拍摄留珍品

林县这个名不见经传的地方，如果没有红旗渠，它可能就是中国几千个县城中默默无闻的那个。然而，红旗渠奇迹所锻造的精神，已闻名遐迩，成为中华民族精神的象征。

1971 年，随着我国在阿尔及利亚举办的“建国成就展”，红旗渠第一次在世界人民面前亮相；1974 年，

杨贵和魏德忠亲切交谈（提供 / 魏德忠）

邓小平把纪录片《红旗渠》带到联合国大会上，让世界知道了红旗渠。从上海到新疆，从国内到国外，红旗渠用各种影像向世人倾诉着中国精神的深刻内涵。那一幅幅珍贵的作品，凝聚着拍摄者10年的辛苦与执着。

红旗渠纪念馆馆藏的当年影像设备（拍摄/刘陶）

在修渠的岁月里，新中国老一辈新闻记者和摄影师扛着沉重的设备，跟随红旗渠的建设大军，同吃同住，踏遍两岸山山水水，不管酷暑严寒，不惧崖险坡陡，拍下了半个多世纪前林县人民的艰辛与梦想。那些难忘瞬间的定格，让人们能够真实形象地感受和解读那段鲜活的历史。

当时的河南日报社著名记者魏德忠，用一部相机在太行山上跟拍了10年，记录了那段艰苦卓绝的峥嵘岁月，留下了很多难忘的瞬间。把林县人民与天斗、与地斗的忘我精神，用心、用情、用镜头记录下来。

画面记录了山壁上“重新安排林县河山”的豪言壮语；杨贵、李贵、李运保、周绍先等领导干部的带头前

老友相聚一番感慨（提供/魏德忠）

行，马有金挥舞铁锤连打钢钎的痛快淋漓，任羊成凌空除险的生死一瞬，常根虎山腰放炮的精准震撼，路银测量渠线时的认真仔细……这些穿越历史的照片和影像，见证了英雄的太行儿女“敢教日月换新天”的勇气和智慧，展现了那种不可战胜的中国精神和力量。让人们真切感受到林县人民

老一辈话说当年（提供/魏德忠）

自力更生、艰苦奋斗的民族精神和战胜各种艰难险阻的豪迈情怀；感受到在修建红旗渠过程中，中国共产党的坚强领导和决定作用。从中，也能感受老一辈新闻工作者的那种社会担当和敬业态度。10年的辛苦，为研究和宣传红旗渠精神积累、保存了大量珍贵的历史资料。这些资料，对传承和弘扬红旗渠精神起到了不可估量的作用。

太行山脉是历经裂变而风雨不摧的巍峨峰峦，林县儿女则是饱经磨难而坚忍不拔的英雄人民。这个传给子孙的、用石头砌成的中国故事，在讲述走向尾声的时候，心中的敬意和感慨一点儿都没有略去。

人们会不时地叩问：中国精神在哪里？我们会大声地回答：就在这里！就在共产党领导下的平民百姓那些感天动地的牺牲奉献里，就在林县人民坚贞不屈的骨子里，就在几代中国人民忘我奋斗和坚守里！

下篇 不朽精神凯歌传

数字尽述凌云志

SHUZI JIN SHU
LINGYUN ZHI

红旗渠是一个奇迹，它奇在哪里？奇在正值国家困难时期，跨省穿山引水，工程异常艰巨。但林县人民自力更生，艰苦奋斗。只有在共产党领导下，才能创造这样的奇迹。

翠绿相伴红旗渠（拍摄／李俊生）

丰收喜悦（拍摄 / 魏德忠）

红旗渠的名字已经郑重地刻在共和国的史册里。站在这座“人工天河”的悬崖峭壁之下，仿佛会听到太行山的呼吸。无须任何解说，人们就能感受到当年建设过程的艰苦卓绝。这种超乎寻常的难度，这个极具代表性的成就，无疑是中国历史上最为鲜活的艰苦奋斗样本。

1970 年底，周恩来在接见外宾时，非常自豪地介绍说：当代中国有两大奇迹，一个是南京长江大桥，一个是林县的红旗渠。而后，不仅国内参观学习者累增，还吸引 200 多个国家的外宾前来参观。

梦想是在夜以继日的努力中实现的。林县人民从 1960 年 2 月到 1969 年 7 月，奋斗了 10 年，其间历经国家最为困难和特殊的两个时期。完全凭着英雄林县儿女的一锤一钎一双手，共计削平山头 1 250 座，凿通隧洞 211 个，架设渡槽 152 个，挖砌

遍地鲜花映渡槽（拍摄／李俊生）

渠水绕山梁（拍摄／李俊生）

土石 1 515.82 万立方米，修建各种建筑物 12 408 座。

红旗渠绝不仅仅是一条渠，而是一张水网，一个完整的水利系统。随着红旗渠灌溉网络的逐步形成，林县修建大、中、小型水库 300 多座，水塘 2 000 个，旱井、机井 10 多万眼，电力排灌站、水轮泵站 400 多处，可蓄水 1 亿多立方米。

全线竣工后的红旗渠带给林县人无数的喜悦。粮食丰产、棉花丰收，硕果累累，林县人不仅有了鱼塘，家里也通上了电（拍摄／魏德忠）

1 ：8 000 坡比

修建时，在缺少专业技术人员与专业工具的情况下，全长70多公里的红旗渠总干渠，渠底纵坡只有1 ：8 000，即要求每8 000米长总干渠垂直落差仅为1米。就是说，渠道每前进8公里，落差才能下降1米。在悬崖峭壁上凿出一条几乎没有落差的渠道，实在令人难以置信，就是用现代的测量技术和施工工具也是难以做到的。

可以说，林县人民修建红旗渠用的并非蛮力，而是靠一种科学态度，靠一种工匠精神。依靠这种精神保证了施工质量，保证了红旗渠的全线竣工。同时，红旗渠的10年建设，还为当地培养了一大批懂技术、会管理、能领导的施工管理和技术人员。这批技术人员作为中坚力量，组成10万建筑大军，为后来的“出太行”打下坚实的基础。

春意盎然红旗渠（拍摄 / 彭新生）

坚固的渠壁，过硬的质量（拍摄／周锐常）

1 515.82 万立方米

从红旗渠工程有关统计数据中看到，10 年的工程建设，仅挖砌土石就有 1 515.82 万立方米。有人做过计算，如果将红旗渠挖砌的土石修成高 3 米、宽 2 米的墙，可北至哈尔滨，南至广州。如此浩大工程的背后不仅凝聚着战太行的勇气和力量，更彰显着不屈不挠的民族底气。

渠水沿山而流（拍摄／周锐常）

忙碌的场景（拍摄/魏德忠）

476.3 公斤

曾经，林县的 96% 都是荒山和石头地，粮食平均亩产不到 50 公斤，林县人始终挣扎在饥饿、干渴之中。红旗渠建成后，有了水，林县第一次有了林场、鱼塘和果园，家家有了水，通了电；荒山渐渐染翠，森林覆盖率达 21.98%；粮食产量翻番，达到平均亩产 476.3 公斤，而且还种植了中药材、棉花、油菜等经济作物。红旗渠的建成给林县带来了翻天覆地的变化。

据红旗渠灌区管理处统计：50 年间，红旗渠累计引水 125 亿多立方米，灌溉农田超过 4 600 万亩。目前，在林州市 80 多万亩的耕地中，红旗渠灌区面积仍超过 54 万亩，所占比例近 7 成。

喜看稻菽千重浪，渠水润泽庆丰收（拍摄／魏德忠）

丰收后的喜悦（拍摄／魏德忠）

流淌至今的红旗渠（拍摄／李俊生）

50 年

50 年来，林县这块土地因为红旗渠的建成发生了翻天覆地的变化。据河南省人民政府官方数据显示，红旗渠共引水 125 亿立方米，增产粮食 17.05 亿公斤，发电 7.71 亿千瓦，直接效益约 27 亿元。这里的人民过上了富足美满的生活。红旗渠的灌溉和滋润是英雄的太行儿女流血流汗、不屈不挠、勇敢奋斗的结果。

50 年来，林县人民先后实施修建了基建维修、技术改造、节水灌溉试点、续建配套与节水改造等工程项目。据河南省人民政府官方数据显示，累计投资 27 265 万元，投工 5 631.56 万个，共完成土石 1 711.31 万立方米，确保了红旗渠的正常运行和永续利用，给林县人民带来丰厚的收益和美好的希望。

红旗渠的 50 年，应该说是承载林县人民丰盈辉煌的 50 年，也是林县人民不断圆梦的 50 年。在之后的岁月里，红旗渠会伴随林县人民一直走在追梦的路上。

满卷豪迈绘太行

MAN JUAN HAOMAI
HUI TAIHANG

林县人民战太行，结束了千年水荒的历史；当年出太行，游刃于国内外建筑市场；如今富太行、美太行，则实现了经济发展模式的整体转型。红旗渠是我们民族走向伟大复兴的精神路标，实现这个梦想，就是要铁心跟共产党走。

漳河水穿山而来（拍摄／彭新生）

晚谷喜丰收（拍摄/魏德忠）

在红旗渠精神的感召下，林州人民“战太行”后接续谱写“出太行、富太行、美太行”的壮丽篇章。

1994 年，林县撤县建市，改名为林州市。

50 多年来，红旗渠盘绕太行，渠水碧波荡漾，滋润着山川大地，滋养着这里的人民。沿渠走过，看着每一段坚石砌就的渠坝，抚摸每一条浸足力量的凿痕，让我们感到了一种精神的流动。

如今，这座体现中国当代精神风貌的石头水渠已经成为全国重点文物。透过文物的背后，从那肃然起敬的精神中看到的则是一种态度，一种发自心底诚实质朴的态度。奇迹如果容易创造，就不可能称为奇迹。

1 500 多公里的蜿蜒渠道至今坚固无渗，就是因为当年砌筑渠道时“百年大计，质量第一”的理念深入到每个建渠人的心

雪染红旗渠（拍摄 / 李俊生）

蜿蜒的红旗渠（提供/彭新生）

底；就是因为石头每面都是经过精细打磨；就是因为他们的锻造是用梦想和良心。

红旗渠建成后，就成了林州的第一名片。已经习惯在大山里生活的林县人，有了红旗渠精神做底气。特别是改革开放以后，凭着在修建红旗渠时练就的钢筋铁骨，凭着在垒渠筑坝中磨炼出的专业手艺，一大批能工巧匠毅然跨出山门走向祖国各地，甚至走向世界。他们只要说出“红旗渠”三个字，就会在五湖四海收

获到特别的信任。在祖国很多城市的建筑工地上，就有了他们这样的一批人，他们来自红旗渠的家乡，他们的工程不断，辗转不断，效益不断。这些信赖源于红旗渠渠道上那一块块坚实的石头，源于他们认准的道路就会一往无前走下去的倔强。他们坚信好日子等不来也靠不来，只能脚踏实地地拼出来。

有了红旗渠的修建，林州已经成为全国著名的工匠之乡。无论是沿海特区，还是繁华的直辖市；无论是也门、科威特，还是卡塔尔、俄罗斯，都留下了敢闯敢干的林州人足迹。

在首都北京流连，人们偶尔会听到那浓浓的豫北乡音，“俺是红旗渠那儿的人，俺们为祖国建设出把力”。在知识海洋的北京图书馆，在庄严神圣的最高人民法院，在莘莘学子苦读的逸夫楼，在豪华典雅的国际饭店，在科技前沿的中关村……都有林州人参加建设，都有林州建筑工匠的杰出作品。林州人以十足的干劲和过硬的质量得到了各地用户的交口称赞。谁会想到，一群长在深山、从来也没有住过楼房的农民，却能建造出极具现

鳞次栉比今看林州（拍摄／李俊生）

红旗渠水滋润的茵茵太行（拍摄／彭新生）

湍湍流淌润太行（拍摄 / 周锐常）

代意识的城市建筑；一群从未走出太行、从未见过世面的农民，却能走南闯北，接下几百万、甚至几千万的大工程！

是什么力量让他们如此勇敢和自信？读过红旗渠故事的人们会理解，是那条英雄渠水调出的海洋颜色，让他们的眼界和胸襟无比宽阔；是 10 年的奋斗给予他们启示，让他们解放思想，转变观念；是红旗渠精神给予他们信心和力量，让他们一切困难都不在话下。

守着这种精神，10 万大军出太行，通过劳务输出的收入，有力地促进了各项经济建设。林州人民积极地解决了温饱问题，不仅完成了进一步发展的原始资金积累，同时，还培养和锻炼出了适应市场经济需求的各类人才，为下一步城市的创新和发展奠定了坚实的基础。

如果说20世纪60年代10万大军战太行，是为了求生存；那么20世纪80年代10万大军出太行，则是为了求发展；20世纪90年代，这些建筑大军用赚回来的钱，扶植家乡企业发展，就是开始向富太行迈进。林州人民以建设红旗渠的胆量和气魄，开始了工业化的进程，逐步形成了钢铁、铝电、汽配、玻璃制品等产业集群。进入21世纪，林州坚持“工业强市”的战略，以科技创新推动产业结构调整，促进传统产业转型升级，形成了以高端设备制造、高新技术为主导的“双高”产业集群。中西部地区县域第一个国家级经济技术开发区——红旗渠经济技术开发区建成，广泛集聚高端生产要素，高端装备制造业和高新技术已成为林州快速发展的两个引擎，实现了优势叠加。

红旗渠精神影响的不只是一个人或一群人，而是一代又一代。林州人一步步的发展战略，不仅完成了从农业文明向工业文明的过渡，而且给红旗渠精神注入了新的内容和内涵。这种发扬和传

冬雪尽染红旗渠（拍摄／李俊生）

潺潺渠水（拍摄/周锐常）

承是林州人的光荣。

如今，林州在“美太行”的蓝图中浓墨重彩、尽情描绘。这片土地，山清水秀、物阜民丰，已连续多年位居河南省十强县市之列，人均存款位居河南省之首。社会物质和精神文明全面发展，梦想的美景在奋斗中更加绚烂多彩。

林州人用奋斗和拼搏换来的财富，这是让人不得不服气的富裕。一位当年曾在河南省工作过的老领导有过这样的评价：林县 10 万大军用带着泥巴的双腿走遍祖国

多年后，老书记再回林州，看到经济蓬勃发展，高兴地对车间女工竖起大拇指（拍摄／魏德忠）

今日太行盘山路（拍摄／彭新生）

南北，用布满老茧的双手建设文明城市。他们为国家创造了财富，自己也饱了肚子，挣了票子，换了脑子，有了点子，闯出了致富的新路子，实现了“五子登科”。

杨贵用他的亲身经历做过精辟的总结，红旗渠改变了林州的面貌，解放了林州人的思想。

日新月异看林州（拍摄／李俊生）

生活在这里的人们都会看到：变化的是这里的山山水水，不变的依旧是林州人艰苦创业、不断进取的精神。这种精神的力量，蓄满信仰的天空，拓开发展的视野，汇集奋进的能量，托起梦想的希望。这就是红旗渠精神给人们在生活中和思想上带来的深刻变化。

民族之魂筑脊梁

MINZU ZHI HUN
ZHU JILIANG

为庆祝中华人民共和国成立70周年，中央多部委联合开展『最美奋斗者』学习宣传活动。红旗渠建设者从众多英雄模范集体中脱颖而出，成为全国22个『最美奋斗者』集体中的一员。获此殊荣，当之无愧。

一派山脉，一渠清水，遍地英雄（拍摄／魏德忠）

渠水入林间（拍摄/魏德忠）

岁月可以风化坚硬的山石，唯有精神不能随风飘逝。

巍巍太行凛凛八百里，作为历史的记录者，见证了豫北人民是怎样用10年的奋战，劈山填堑，凿通隧道，架起渡槽，把这1 500公里的蜿蜒长渠镶嵌在刀削般的悬崖峭壁上，使得那湍急的漳河水穿山越岭、披荆斩棘地一泻千里。从此，人们不再苦盼，禾苗不再干渴，山林不再苍凉。

走进中原，走进太行，就走近了那条让人难以忘怀的红旗渠。蓦然之间，就有了涌动，有了认知，有了慨当以慷。那座大山承载着太多催人泪下的故事，那条长渠涓涓流淌着执意改天换地的信念和笃定的胆量。是什么神奇的力量支撑他们移山倒海？又是什么精神鼓舞着这些质朴的农民迸发出气吞山河的勇气？人们在感叹之间总会不时地思索，敬意又在陡然升腾。

渠道伸向太行深处（拍摄 / 彭新生）

红旗渠的春天（拍摄／彭新生）

中组部原部长张全景和杨贵在一起畅谈（拍摄／魏德忠）

杨贵来到林县后，带领县委一班人，察民情，体民忧，解民苦，共同认准一个理，那就是共产党就要为老百姓谋幸福。

举一县之力修建的红旗渠，是用血汗铸就的英雄渠。它不仅润泽着这片土地，惠淋着这里的山川，滋养着这里的人民，而且还为我们这个民族贡献了一种伟大的精神。

红旗渠在建设实施的过程中，得到了河南、山西两省省委以及林县人民群众的大力支持。于是，生活在这座大山脚下一群地道的农民，扛着简单的工具，毅然决然地登上了太行山，这其中的气概难以想象。10个春秋冬夏，10万朴实厚道的农民，抛家舍命，连续奋战；长满老茧粗壮的手拿起原始的一锤一钎，生生在险峻大山上凿出一条神话般的通道，硬是让漳河水穿山而过，欢畅而来，彻底改写了林县千百年来干旱缺水的历史。

这10年，对于林县来说，不仅

面对红旗渠，杨贵内心无限感慨（拍摄/魏德忠）

是艰苦奋斗、改变命运的10年，也是汗水与热血相融，激昂和悲壮交织，牺牲和奉献并存的10年。在林县人的心目中，杨贵就是一个前无古人后无来者、一心为民功德无量的好官；中共林县县委无私无畏，盯住目标锲而不舍，没有辜负一切为了人民的执政使命。

目睹这个人间奇迹，总会让人在钦佩之余，不禁思索着想去追寻。当年如此浩大的工程，加之如此贫困的林县，又是怎样自力更生，“欲与天公试比高”，创造了这样的人间奇迹？这奇迹背后孕育的精神又该如何去解读？很多年以后，杨贵在红旗渠纪念馆落成仪式上，解答这个问题时，依旧谦虚地说道：“我也讲不好，林县人民最有发言权。我多年的体会是，为了人民、依靠人民，是红旗渠精神的根本；敢想敢干、实事求是，是红旗渠精神的灵魂；自力更生、艰苦奋斗，是红旗渠精神的体现；团结协作、无私奉献，是红旗渠精神的保证。”

一番话，概括了10年的众志成城和砥砺奋进的由来。正是这种精神，引领和鼓舞着林县人民前赴后继、甩开膀子、绝地逢生。一个想干事的书记，一个要干事的县委，带领了一群穷则思变的民众，一把铁锤凿开万丈山，一腔热血倾进千秋书。

郁郁葱葱间的红旗渠（拍摄 / 李俊生）

杨贵和穆青在会议上（提供 / 魏德忠）

“上善若水。水善利万物而不争。”《周易》有载：“君子以厚德载物。”林县县委就是具有这种崇高品格和境界的一些人。他们以特有的刚毅坚卓带领林县人民在改变命运的路上，风雨无阻、奋发图强。

林县人民也就是这样坚定地信赖他们的书记和其所领导的县委。他们相信，只要跟着共产党干，就能引来幸福水；只要跟着共产党走，就能过上好日子。他们不懈奋斗着，虽艰巨，但要做愚公，挖山不止；他们不怠拼搏着，虽难多，但要学精卫，衔木不断。艰苦奋斗不屈，自力更生解难。

诚然，林县人不等不靠、迎难而上的境界里还裹藏着社会主义的主人翁精神。翻身了，做了国家的主人，做了自己的主人，也就能做山川河流的主人，也就有了建设新生活的热情和干劲，也就蓄足了“重新安排林县

杨贵殷殷嘱咐：你们年轻人就是林州的希望和未来（提供/魏德忠）

河山”的勇气和信念。

红旗渠的源头，在山西省平顺县，林县人到平顺县拦河筑坝，引水入豫，还得到了那里政府和人民的全力支持。这又是什么精神？我们不得不感慨社会主义的集体主义精神体现出来的大团结、大协作、大支援。如果没有全国“一盘棋”的思想是很难做到的。

在红旗渠修建日记和档案中，有着关于人员牺牲和伤残的记载。这让我们从林县人敢想敢干的精神中，又进一步感受了他们那种无所畏惧、敢于牺牲的精神。这些人，无暇过问亲人的苦疾，不顾自己的生死，只为早日修好渠、引来水。有人问除险英雄任羊成：“难道你就不怕死吗？”任羊成不假思索地回答：“死是甩在崖壁上的一块肉，死是个球！”可见，没有这种一不怕苦、二不怕死的革命精神，就不会有红旗渠高傲地攀延太行。

说到底，红旗渠不仅仅是一条水渠，还是一道时代考题，它以汹涌澎湃的冲击力撞击着人们的灵魂。可以说，用命和血凝练成的红旗渠精神就是中国精神。这种精神，穿越历史，掠过沧桑，经年检验，月累醇厚，历久弥新。

对我们国家而言，红旗渠精神应该是中华民族精神的一个重要组成部分，是我们探寻和领悟，实现中国梦不可或缺的精神力量。只有将精神融入血脉，方能挺起民族的脊梁。毋庸置疑，这是民族振兴的动力，是国家强大的正能量。

对党的建设而言，红旗渠精神是践行党的宗旨、依循群众路线、坚定廉洁奉公、展现先锋作用的光辉典范。至今仍有人民群众感慨：修渠的那个年代，领导干部的

多年后，杨贵与王师存、任羊成再见面，还会情不自禁地想起当年（提供/魏德忠）

雪中红旗渠（拍摄 / 彭新生）

红旗渠旗手杨贵（拍摄／李俊生）

形象真好啊！他们把献出青春、捧出鲜血、掏心掏命，视为共产党人的特权。

红旗渠精神告诉我们：只要中国共产党始终保持建党时的那份初心，就能赢得人民的拥护和信赖，就能在新征程上创造出更多的人间奇迹。

对社会而言，红旗渠精神是不断激励人们战胜困难、不惧挫折、勇敢前行的精神动力。它有助于人民思想觉悟、道德情操、文明素养的不断提高。“人民有信仰，民族有希望，国家有力量。”①

对个人而言，红旗渠精神是用厚重的历史，叩动现代人的心弦。它是一种思想引领和

① 习近平．人民有信仰 民族有希望 国家有力量 [N]. 人民日报，2015-03-01.

弯弯渠线尽收眼底（拍摄／李俊生）

精神导向。用红旗渠精神解读新时代的责任和担当，将时代的使命和自己的人生观、价值观有效契合，对在人生路上不彷徨、不懈怠、不畏难，起到示范和指导作用。

习近平说：“现在，我们比历史上任何时期都更接近中华民族伟大复兴的目标，比历史上任何时期都更有信心、有能力实现这个目标。”[①]

中国梦蓝图的绘制，就是让中国人民过上更加幸福、更有尊严的好日子。那么，每个中国人应该怎么做？我们就是要汲取实现中国梦的精神力量，要以红旗渠精神作为思想动力，在祖国蓝图上找到自己的坐标，在实现梦想的路上，像当年林县人那样甩

① 习近平．承前启后 继往开来 继续朝着中华民族伟大复兴目标奋勇前进 [N]. 人民日报，2012-11-30.

“人工天河”镶嵌在太行腰际（拍摄／魏德忠）

开膀子加油干！

共产党打天下，给人民带来新生活；共产党坐江山，同样带领各族人民开创光辉的未来。在新时代的新征程中，有了这种质朴、纯粹、豪迈的红旗渠精神的不断武装、不断传承、不断发展，祖国就会日新月异；有这样的精神、这样的情怀、这样的队伍，实现中国梦必然指日可待。

回望红旗渠，我们会思索；

触摸红旗渠，我们会汲取；

品读红旗渠，我们会振奋；

深悟红旗渠，我们会奋斗！

让我们昂首入列，向红旗渠精神致以最崇高的敬意！

回望红旗渠

HUI WANG HONGQI QU

穿山而来，飞天而来，凿通历史而来，
红旗渠，一条“人工天河”，
你让50万人的眼界，
开闸，
一泻一千五百里。
生成漳河的样子，太行的样子，
中国脊梁的样子。

北方，一个民族开始的脚印，
一步一步，蜿蜒成文明的史诗，
攀上太行山崖，来到红旗渠畔。
你就回到了盘古时代，
脚踏大地头顶蓝天，
长大再长大，一直长下去。
把天和地撑开，
让胸怀长成高山大河，
去耸立、去奔放。
长成风雨雷电而能量具足，
长成花草树木，绽开恬静的笑颜。

一年，两年，十年；
一个时代，30万太行儿女。
简单到只有钢钎铁锤，睡山崖吃树叶；
复杂到八千分之一的坡比……
大禹治水，疏通了一个国家的机制；
后人治旱，凿开了一条民族的精神河流。
当年修渠是在二月里出发，
一切牺牲和伟大就从二月里发芽。

我在发鸠之山看到，精卫填海的石子，
已经垒成红旗渠的基石；
我用愚公挑山的担子，丈量太行山的性格，
发现子子孙孙的骨肉里，
都已注入了石英岩坚硬的基因。
黄崖泉点点滴滴的血泪，
已慢慢结痂；
谢公祠百年不断的香火，
还依然缭绕。
大道在水，一个关于水的千年梦想，
写进了林县，一个地方的奋斗史志；
写成了中华，一个民族的价值观。

鸻鹈崖下，岩缝间蓬勃而出的崖柏，
是 20 世纪 60 年代的选题。
青年洞敞开着，让渠水冲刷的千年青苔，
是这个时代承接的坚定步履。
石子山日复一日在渠边叨叨咕咕，
山楂、柿子、大红袍花椒…
几十万亩水浇地，
还有那么多不断改变的惊奇，
都与前世那些“旱”事，
和着今朝点指细数的骄傲。

请在红旗渠畔静立，
会看到晚辉在渠水之上舞蹈，
看到那些英雄的名字同精神一样闪耀。
还会看到，民族的崛起，进军的鼓号……

秋到红旗渠（提供/周锐常）

远眺山西平顺县牛岭村（拍摄／彭新生）

红旗渠干部学院

——红旗渠精神传承的新载体

HONGQI QU GANBU XUEYUAN

红旗渠干部学院地处红旗渠的故乡、红旗渠精神的发祥地——河南安阳林州市，是一所集精神传承、党性教育、宗旨践行为一体的党员干部培训学院，是河南省“三学院三基地”的重要组成部分，2019 年被中组部列入干部党性教育基地备案目录。

学院建成于 2013 年 8 月，系安阳市委直属事业单位，占地面积 1 200 亩，建筑面积 13 万平方米，可同时容纳 1 200 人学习培训。学院“立足河南，面向全国，走向世界”，以建设全国一流具有特色的地方党性教育基地为目标，着力打造三个高地（精神传承高地、红色培训高地、人才涌流高地）、四个中心（红旗渠精神培训中心、研究中心、资料中心、宣传中心）、五个校园（红色校园、人文校园、智慧校园、生态校园、和谐校园）。

建院以来，学院围绕特有的红旗渠精神资源和周边红色教育资源，按照突出“特色性、时代性和参与性”要求，依托红旗渠纪念馆、青年洞、扁担精神纪念馆、谷文昌生平事迹展及故居、国家红旗渠经济技术开发区、殷墟博物苑、中国文字博物馆等，打造了一批主题突出、特色鲜明的现场教学和体验教学课程，同时开设了专题教学、音像教学、访谈教学、研讨教学、案例教学、主题教室等多形式课程，形成了以红旗渠精神及其当代

红旗渠干部学院全景（提供 / 红旗渠干部学院）

红旗渠干部学院近景（提供／红旗渠干部学院）

传承为主线的课程体系，以及历史文化传承为辅的延伸教学体系。学院还根据不同学员对象，设计规划了不同时长、不同层级、不同行业的培训模块，增强了培训的针对性和时效性。

学院秉承“传承红旗渠精神、增强党性修养”的办学宗旨，开展了学习贯彻习近平新时代中国特色社会主义思想、十九大精神、“不忘初心，牢记使命”主题教育、红旗渠精神与理想信念教育、党性教育、群众路线教育、“两学一做”学习教育等主题培训。截至2019年12月，学院先后举办了中央党校省部级干部高级研修班和厅局级干部进修班体验式教学、国防大学国防研究班现场教学、中组部机关、全国组织干部学

学员留言

参观感悟

我们党的初心，体现在为中华民族解放而斗争的鲜血中，也体现在为人民幸福生活而奋斗的汗水中，点点滴滴汇聚成了民族复兴的时代洪流。前一段在部队调研，专门到河南林州零距离感受红旗渠。走过每一寸垒砌着梦想的渠坝，抚摸每一条沁足了精神的凿痕，凝望每一滴折射着理想之光的渠水，深深为理想和精神的力量所震撼——这是一个不在起点、却写满初心的地方。抚今追昔，从红旗渠回望太行山，从太行山展望中国梦，中国共产党人全心全意为人民服务、实现中华民族伟大复兴的初心，串起了这条穿越时空的寻梦之路，为我们守望理想、坚守信念提供了弥足珍贵的精神沃土。

——孙思敬上将

感悟红旗渠精神（提供／红旗渠干部学院）

原林县县委书记杨贵与河南省县（市、区）委书记座谈交流（提供 / 红旗渠干部学院）

教学资源（提供 / 红旗渠干部学院）

红旗渠纪念馆

红旗渠青年洞

扁担精神纪念馆

谷文昌生平事迹展馆

世界文化遗产、甲骨文的发掘地—殷墟

学院课程掠影（提供／红旗渠干部学院）

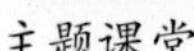
主题课堂

互动访谈

体验教学

现场教学

案例教学

情景教学

专题教学

音像教学

学院风采（提供／红旗渠干部学院）

院、全国宣传干部学院，人社部、教育部、国家公务员局等全国各地各级各类培训班 4 500 余期，培训学员近 25 万人，取得了学员满意、同行认可、社会赞誉的培训效果。

老挝干部考察团在红旗渠干部学院学习（提供 / 红旗渠干部学院）

红旗渠精神是中国精神的重要组成部分。学院充分发挥红旗渠精神作为讲好中国故事的特色载体，不断加强与中联部、外交部、全国友协的教学对接，创设了“讲好中华民族故事，感受中国文化；讲好中国共产党的故事，突出党的建设；讲好红旗渠故事，弘扬中国精神；讲好中国故事，突出中国发展”的涉外培训教学模式。截至目前，学院已承办了越南司局级党政干部培训班、非洲国家经济与社会发展总统顾问研讨班、老挝领导干部培训班、马耳他青年干部考察班等 20 个涉外考察团组，培训范围涉及 20 余个国家和地区。2017 年 3 月，中联部将红旗渠干部学院确定为全国 16 家外国政党培训重点合作院校之一。

涉外培训班学员体验教学（提供 / 红旗渠干部学院）

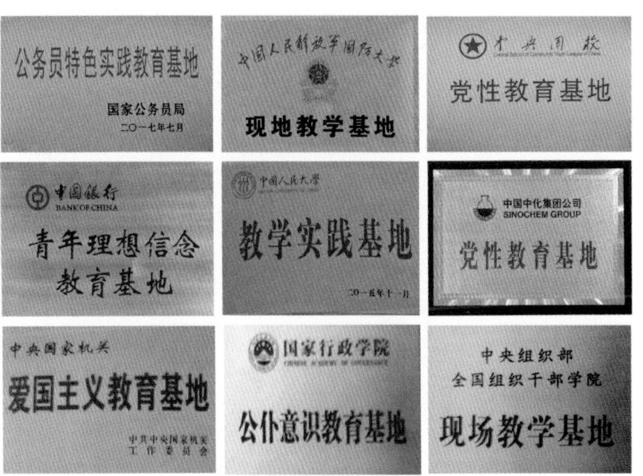

现场教学基地（提供 / 红旗渠干部学院）

近年来，学院先后被确定为中央国家机关爱国主义教育基地、中央党校（国家行政学院）公仆意识教育基地、中组部全国组织干部学院现场教学基地、国防大学现地教学基地、中央团校党性教育基地、河南省委组织部干部教育培训基地等，与中国井冈山干部学院、中国浦东干部学院、中国人民解放军国防大学、中国人民大学、中化集团等 100 余家党性教育基地、知名高校、国有企业建立了长期合作关系。红旗渠精神教育为主题的品牌效应日益凸显。

参考文献

CANKAO WENXIAN

[1] 毛泽东 . 毛泽东选集：第二卷 [M]. 北京：人民出版社 ,1991.

[2] 毛泽东 . 毛泽东选集：第三卷 [M]. 北京：人民出版社 ,1991.

[3] 毛泽东 . 毛泽东文集：第六卷 [M]. 北京：人民出版社 ,1999.

[4] 习近平 . 在党的十八届五中全会第二次全体会议上的讲话（节选）[J]. 求是 ,2016,1.

[5] 习近平 . 承前启后 继往开来 继续朝着中华民族伟大复兴目标奋勇前进 [N]. 人民日报 ,2012-11-30.

[6] 吕晓勋 . 守护心中不倒的旗（快评）[N/OL]. 人民日报 ,2015-04-04（4）.http://opinion.people.com.cn/n/2015/0404/c1003-26798559.html.

[7] 关劲潮 . 巍巍山碑：红旗渠旗手杨贵传奇 [M]. 郑州：河南人民出版社，2013.

[8] 郭海林 . 红旗渠的人和事 [M]. 郑州：河南人民出版社，2013.

[9] 焦述 . 红旗渠的基石 [M]. 郑州：河南大学出版社，2017.

[10] 白青年 . 红旗渠劳模任羊成 [M]. 郑州：河南人民出版社，2018.

后记
HOUJI

岁月的脚步总是固执地匆匆迈过，许多往事随着荏苒的执拗似乎也淡淡如烟。不知为什么，偏偏对于红旗渠的印记，却重重地刻在了心底深处。历经时代风雨淋漓依旧那么清晰，那么感人，那么浓厚。每每回眸那条奇迹般的天河，每每翻阅这部厚重的史诗，每每感悟太行儿女的奋斗精神，竟然还会涌来酸楚，还会有番感慨，还会要抑制那久久难以平复的心。

带着崇敬和感动，我们完成了这部图志，试图从多角度、多形式、多

红旗渠青年洞景区（拍摄/彭新生）

层面，再现20世纪60年代林县（后称林州）人民誓把河山重安排的可歌可泣的壮举。站在新时代的节点上，重新感受和思考在历经10年的修渠过程中，党的各级组织所发挥出的极其重要的作用；解读和回味红旗渠倡导者的勇敢、组织者的坚毅、亲历者的舍生、思考者的睿智；触摸和领悟他们的精神境界和高尚情怀；宣传和弘扬实现“两个一百年”新征程中不可或缺的红旗渠精神。

在编撰的日子里，我们常常会有感慨：那都是些什么样的共产党人？把自己的荣辱抛在一边，将个人的生死置之度外，全身心地为人民群众谋利益；那都是些什么样的人民群众？认准一个道理，同样会舍生忘死，坚定地跟党干，跟党走。红旗渠是一座不朽的丰碑，是一面永恒的旗帜。当下，学习红旗渠精神，与高举习近平新时代中国特色社会主义思想伟大旗帜，全面从严治党，实现中华民族伟大复兴宏伟目标的主旋律不仅契合，更具特殊的时代意义。

今天，我们是在奋斗的征途中学习，那就更要把红旗渠精神安于内心，理解弄懂，将感动的力量付诸行动；要把这些荡气回肠的故事讲给孩子们听，让这种精神有接续、有传承；要用这些朴素的精神擦拭自己的灵魂，让它通透和干净；要把这种不朽的精神融化为每个人的使命，在实现中国梦的道路上，积跬步而至千里，凝民心而共奋斗。这是我们坚持完成这部《红旗渠图志》的目的和责任。

红旗渠，一种民族精神的力量（拍摄／李俊生）

在编撰的过程中，我们学习、参考了一些反映红旗渠的文献和资料，从这些作品的阐述中，更加真切地感受到红旗渠建设的艰辛和精神的可贵。我们曾亲临太行山和红旗渠体会和感悟，并得到了红旗渠干部学院和专家学者的大力支持和倾心援助。特别是曹彦鹏副院长在百忙之中，对该书的框架结构和写作大纲提出了建设性的意见，在写作过程中多次给予雪中送炭般的悉心指教，我们引用了他所执笔的《红旗渠和党的领导》《红旗渠与廉政建设》稿件中的部分内容，受到了启发和点拨；已是耄耋之年的魏德忠老师，把跟踪10年拍摄的图片交给我们，托嘱这份精神的接续传承；学院特聘教授周锐常老师线上中肯地给出意见，线下负责地审读；教务部赵章林主任以认真而缜密的态度进行指导；教研部黄成利副主任不辞辛苦、跑上跑下地联络和沟通；还有李志亮、李俊生、梁雪山、彭新生、李红、常雅维等很多关心红旗渠的领导和老师们给予了诚挚热情的帮助，在此书即将付梓之际，一并表示由衷的感谢！

另外，本书采用了部分作者不详的图片，请拍摄者与本社联系。

由于领悟程度和编撰时间等因素，本书还有很多不尽如人意的地方，欢迎读者批评指正，以求更好地在宣传和传承红旗渠精神方面尽一点绵薄之力。

谨以此书献给以杨贵为代表的中国共产党人并向祖国70华诞献礼！

编 者

2019年菊月